ÖSTERREICHS BAUERNHÖFE

JOHANN KRÄFTNER

ÖSTERREICHS BAUERNHÖFE

EINE DOKUMENTATION DER
LETZTEN ZEUGEN EINER
VERSINKENDEN
BAUKULTUR

PINGUIN-VERLAG, INNSBRUCK

Die Abbildungen auf Seite 10, Seite 14 unten, Seite 24, Seite 26 unten, Seite 58 und Seite 90 entstammen dem Bildarchiv der Österreichischen Nationalbibliothek; die Abbildung auf Seite 43 wurde dem Buch Verborgene Schönheit von Stefan Kruckenhauser entnommen, alle anderen Photos stammen vom Verfasser. Die Grundrisse und Fassadenzeichnungen auf Seite 44, Seite 60 oben, Seite 76 rechts oben, Seite 77 oben, Seite 92 Mitte und Seite 122 oben wurden dem Mappenwerk Das Bauernhaus in Österreich-Ungarn und seinen Grenzgebieten, Dresden 1906 entnommen. Der Karte der Hofformen auf den Seiten 134 und 135 liegt eine Darstellung von Leopold Schmidt zugrunde (mit freundlicher Genehmigung des Österreichischen Museums für Volkskunde, Wien).

Reproduktionen: Ifolith Fotolitho, Innsbruck
Druck: Carl Ueberreuter, Wien
Printed in Austria
ISBN 3-7016-2167-5

INHALT

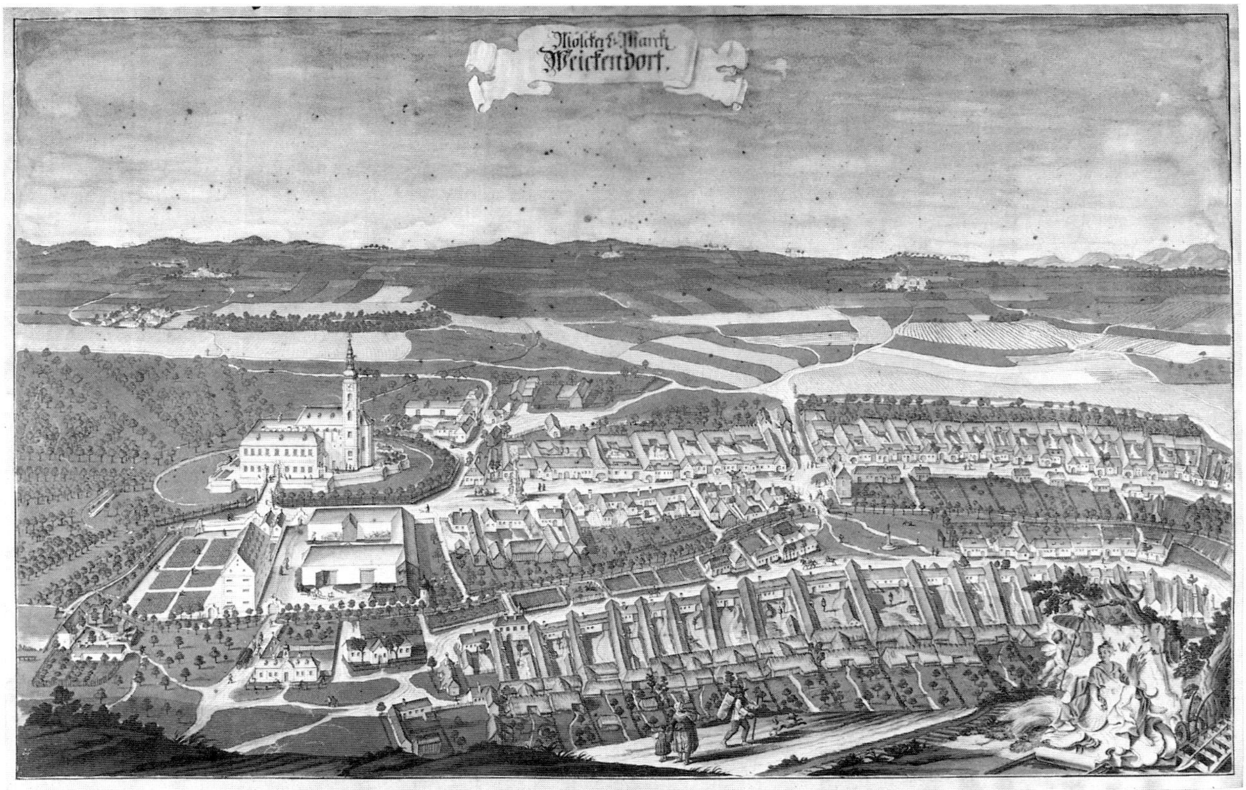

F. Mayer, Ansicht der Pfarre Weikendorf. Zwischen 1750 und 1767. Stift Melk, Vorraum der Prälatur

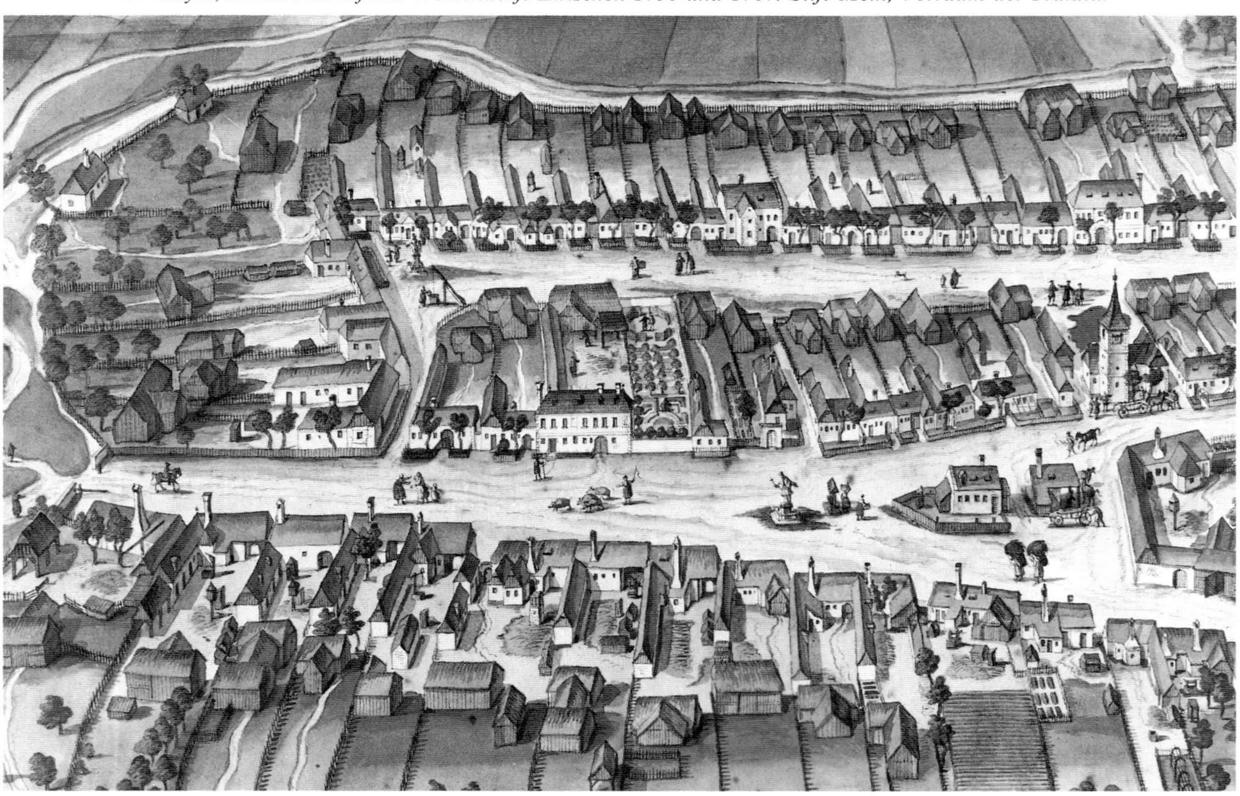

F. Mayer, Ansicht der Pfarre Albern, Ausschnitt. Zwischen 1750 und 1767. Stift Melk, Vorraum der Prälatur

ÖSTERREICHS BAUERNHÖFE

Obwohl wir nur mehr mit dem letzten Rest bäuerlicher Baukultur konfrontiert sind (eine Ausnahme bildet vielleicht der Bregenzerwald, der auch heute noch in weiten Teilen das geschlossene Bild einer alten Hauslandschaft zeigt), bestimmt er durch seine architektonische Kraft und ästhetische Qualität im uferlosen Meer anonymer Neubauten doch noch immer das Erscheinungsbild unserer Landschaften.

Viele Typen, denken wir nur an die Kärntner Ringhöfe, die noch vor hundert Jahren das gesamte Nockgebiet besiedelten, sind bis heute fast zur Gänze verschwunden und nur noch in sehr stark veränderten Beispielen an Ort und Stelle oder für alle Zeiten gerettet in den zahlreichen Freilichtmuseen zu finden, die an allen Ecken und Enden aus dem Boden sprießen. Ganz ähnlich wie mit den Gesamtanlagen der Höfe verhält es sich auch mit Detailformen, die einem systematischen Veränderungs- beziehungsweise Verbesserungsprozeß unterworfen sind. Rauchstuben sind durch rauchfreie Räume, die kaum mehr als einen Viertelmeter messenden quadratischen Fenster der Blockbauten durch immer größere Sprossenfenster ersetzt worden, die zwar das ästhetische Empfinden vergangener Generationen verletzten, uns aber in gewissen Grenzen durchaus akzeptierbar erscheinen. Die Geschwindigkeit einer Veränderung und damit verbunden die Möglichkeit der Anpassung spielt eine ganz wesentliche Rolle.

Nachdem schon einmal im Hochmittelalter eine Welle der Erneuerung das Land überrollt hatte, waren es das endende 18. und das beginnende 19. Jahrhundert, die durch agrartechnische und gesellschaftliche Reformen zu einem starken Erneuerungsprozeß im bäuerlichen Gefüge führten. Parallel zur industriellen Revolution ging in weiten Bereichen auch eine Agrarrevolution einher: Verbesserungen im Feldbau waren die grundlegende Ursache dafür. Die Brache wurde abgeschafft und die Düngung eingeführt. Neue Hackfrüchte und die Stallfütterung tauchten auf. Die Sense ersetzte die Sichel, was zur Blüte der Hammerwerke führte, und zwei Drittel der Arbeitskräfte ersparte. Gesteigerte Produktivität erforderte größere Bergeräume, man konnte mehr Vieh versorgen, wodurch auch die Ställe immer mehr anwuchsen. Der Wohlstand, den man sich erarbeitete, mündete schließlich in der Vergrößerung oder Veränderung des gesamten Hofes.

Hand in Hand mit diesen Umwälzungen und der folgenden architektonischen Erneuerung, die auch damals schon fernab der Architekten ablief, ging die Entdeckung der bäuerlichen Architektur, begrenzt auf wenige Bereiche: Das alpine Haus wird als Urtyp des Hauses schlechthin gefeiert und kopiert. Gipfelpunkte dieser Entwicklung sind die großen Mappenwerke der österreichisch-ungarischen Monarchie, Deutschlands und der Schweiz aus dem ersten Jahrzehnt unseres Jahrhunderts, die in sorgfältiger Aufnahme und Zeichnung dargestellte Objekte wiedergeben. Interessant ist die Auswahl, in die im Gebiet des heutigen Österreich vor allem altertümlich anmutende, alpine Holzbauten aufgenommen werden, während der imposante, nach der Mitte des 19. Jahrhunderts zu seiner endgültigen, heutigen Form gekommene Vierkanter, die neuen Typen Kärntens oder der Steiermark wie auch fast alle in der Nähe Wiens stehenden und leicht erreichbaren niederösterreichischen Haustypen mit Ausnahme einiger reicher Weinhauerhäuser nicht vertreten sind. Um so erstaunlicher und als große Ausnahme zu klassifizieren ist Lux - Gerlachs Album „Volkstümliche Kunst. Österreich-Ungarn", das einige Jahre später erschien und die Typen des Flachlandes dort, wo der malerische Reiz groß genug war, in die bemerkenswerte Sammlung aufnahm.

Der Anfang der Auseinandersetzung der Architekten mit dem Bauernhaus weist weit ins 18. Jahrhundert hinein. Jakob Prandtauer, der für seine adeligen und kirchlichen Bauherrn nicht nur Schlösser und Klöster zu bauen hatte, griff bei ländlichen Bauaufgaben ganz pragmatisch auf die vorgefundene Bausubstanz zurück, sowohl was die Typen als auch die Dekorationen betraf. 1725 beginnt er in Pfaffenhofen, dem Geburtsort des Abtes Johann Baptist von St. Florian, dessen altes bäuerliches Geburtshaus, das er so wie den Namen des Ortes als Schmach empfunden hatte und es deshalb in Hohenbrunn umbenannte, durch ein geräumiges Schloß in den Formen eines Vierkanters zu ersetzen. Für das Augustinerchorherrenstift St. Pölten errichtete Prandtauer 1696–1700 den Schwaighof als Sommersitz und Reisestation in den Formen eines Bauernhofes mit zwei parallel zueinanderstehenden Trakten, die an den Giebeln Dächer mit Krüppelwalm besitzen. In ähnlicher Weise rezipierten auch Hildebrandt und viele andere Architekten bei ihren ländlichen Bauaufgaben die dort vorgefundene Architektur.

Wenig später erlangte der Mitte des 18. Jahrhunderts entstandene Landschaftspark und damit verbunden das Schweizerhaus als Synonym für das urtümliche Haus der Alpen große Bedeutung: es wird bei uns erst relativ spät, ohne daß sich am Inhalt etwas ändert, durch das Tirolerhaus ersetzt, das heute in weiten Bereichen schlechthin zum Begriff für ländliches Bauen geworden ist. Zweifellos hat hierbei auch die Entwicklung des Fremdenverkehrs eine wichtige Rolle gespielt.

Entstehung und Blüte des Landschaftsgartens fallen mit der Entdeckung der Alpen durch Künstler und Naturwissenschaftler zusammen. Albrecht von Hallers Gedicht „Die Alpen“ (1732) löste im gesamten deutschen Sprachraum beispiellose Begeisterung für das Gebirge aus.

Im Landschaftsgarten selbst wird die reine Kunstform des Parks zugunsten einer landwirtschaftlich genutzten Gartenlandschaft aufgegeben, die Szenerie wird wie ein Bild komponiert, in der Baumgruppen und Architekturen beliebigen Stils Versatzstücke sind, um eine angestrebte und im voraus präzis festgelegte Stimmung zu erzeugen.

Solche Versatzstücke sind auch die „Schweyzereien“, die zum Sinnbild unverdorbenen, idealisierten Landlebens werden sollten. Herzog Karl Eugen von Württemberg (1728–1793) ließ ab 1776 in Hohenheim bei Stuttgart einen Landschaftsgarten anlegen; das „Große Schweizerhaus“ wurde 1776/77 errichtet und 1782 in eine Meierei mit zwei Kühen und einer Geiß umgewandelt. Es ist Teil einer größeren, dorfartigen Siedlung mit einem Rathaus (in klassizistischen Formen), einem Kaufladen, Schule, Apotheke und Mühle, wie sie gegen Ende des 18. Jahrhunderts in vielen Landschaftsgärten gebräuchlich wurden; die Bezeichnung Schweyzerei wird dabei für die Baugruppe des Bauernhofes üblich.

Auffallendstes gemeinsames Merkmal all dieser Schweizerhäuser ist, daß sie sich nur sehr vage mit ihren Vorbildern deckten, ein entscheidendes Merkmals dieses „Haustyps“ sowohl im 19. als auch im 20. Jahrhundert bis in unsere Zeit, in dem es eben unter dem Terminus Tirolerhaus figuriert.

So ist auch das kleine Schweizerhaus, das Schinkel 1837 in Berlin auf der Pfaueninsel errichtet, kein Schweizerhaus, sondern eine idealisierte eigene Kreation, durchdrungen vom Geist des Klassizismus.

In Schinkels Bild vom Gasteiner Wasserfall, entstanden 1811, hat er das barocke Badhaus mit dem großen kupfergedeckten Mansarddach, das wir aus einer 1807 von Johann Jakob Strüdt gezeichneten Vedute kennen, weggelassen, um die bodenständige Architektur in ihrer Unberührtheit und Klarheit zu zeigen. Man könnte sagen, daß alle Architekten dieser Zeit – außer in unreflektierten Reiseskizzen – das Bauernhaus nicht so, wie es ist, wiedergaben, sondern so, wie sie es sehen wollten; nicht die materielle Substanz, sondern seinen geistigen Inhalt, geprägt von Urtümlichkeit und Naivität, versuchen sie aufs Papier zu bringen. In einer Zeit, die sich auf die Suche nach den Ursprüngen des Bauens, nach der Urhütte, begibt, ist das Bauernhaus einer der Punkte auf dem Weg zurück, wenn nicht sogar der Anfang überhaupt.

In einem Brief, der bei Schinkels Aufenthalt in Hofgastein 1836 entstanden ist, äußert er sich enthusiastisch über die Eindrücke, die die alpine Architektur auf ihn machte: „Die Alpenhütte, sowohl die kleine unbedeutende, als die zierlichste große Wohnung eines Patriziers eines kleinen Ortes, ist ein classisches architektonisches Werk wie ein altgriechischer Tempel, und gewiß war sie zu Perikles Zeit schon ganz ebenso gebaut ..." Schinkel ist Repräsentant jener Zeit, in der man die Architektur der „edlen, naiven Alpenhütten" ganz bewußt gegen die „ungeschliffenen Gestalten hoher Spitzdächer und Mansarden über glatten Casernenfassaden" stellte, wie er in dem Brief weiter schreibt. Auch in seiner „Landschaft im Charakter des Montblanc" (1813), einer Schweizer Landschaft, verwendet Schinkel Holzhäuser, wie er sie im Salzburgischen kennengelernt hatte, und modifiziert sie durch Hinzufügung eines Turmes und einer über Substruktionen stehenden Terrasse, womit er der ganzen Situation fast schloßartigen Charakter verleiht. Schinkel unterstreicht damit die Würde und den Eindruck, den diese Architektur auf ihn machte, und überhöht sie maßlos.

Das Schweizerhaus wurde in dieser ersten Zeit der Auseinandersetzung mit ländlicher Architektur zum Terminus für das freistehende ländliche Haus überhaupt, egal ob es in der Stadt oder am Land steht oder errichtet wird. Es erscheint in englischen Publikationen (P. F. Robinson, Swiss Cottage, 1836) in phantasievollen Variationen, die deutlich vom herrschenden Zeitgeschmack geprägt werden.

Präzise Aufnahmen von Schweizer Bauernhäusern – und eines sehr bescheidenen, gedrungenen Bauernhauses aus dem Zillertal, das mit dem charakteristischen Haus dieser Gegend eigentlich sehr wenig zu tun hat – erscheinen erst 1843 in der Allgemeinen Bauzeitung Försters; in der Schweiz selbst erschienen erstmals 1844 präzise Bauaufnahmen von Häusern aus dem Berner Oberland.

Die Entdeckung des Tirolerhauses fällt in die Zeit der Erschließung der österreichischen Alpen. Nachdem 1799 der Kleinglocknergipfel erstmals erstiegen wurde, gelang ein Jahr später einer Expedition unter dem Gurker Fürstbischof Kardinal Franz Altgraf von Salm-Reifferscheidt die Bezwingung des Großglockners; er ließ auch die erste Schutzhütte der Ostalpen errichten.

Ungefähr zur selben Zeit war einem anderen begeisterten Bergsteiger, Erzherzog Johann, durch seinen Lehrer, den Schweizer Armand Graf Mottet aus Marten, die Bergwelt und ihr Leben nahegebracht worden. Im Schönbrunner Schloßpark plante er ursprünglich eine kleine Sennerei auf „Schweyzer Art" zu bauen. Daß es nicht dazu kam, hatte politische Gründe, das Ergebnis war das im Tiroler Garten um 1800 errichtete Tirolerhaus. Auch auf den unzähligen adeligen Ansitzen dürfte es schon andere Tirolerhäuser gegeben haben, die diesbezügliche Forschung liegt jedoch im dunkeln.

Interessant in diesem Zusammenhang sind die Bemühungen Erherzog Johanns für die Aufsammlung und Aufzeichnung alten bäuerlichen Kulturguts; Bauernhäuser werden dabei jedoch nur sekundär als Hintergrundstaffage auf den Veduten seiner Hofmaler sichtbar, niemals aber (nach unserem derzeitigen Wissensstand) für sich selbst in Form von Bauaufnahmen aufgezeichnet.

Erst nach der Mitte des 19. Jahrhunderts tauchen diese Alpenhäuser im allgemeinen Gebrauch auf, nachdem sie schon vorher großen Einfluß auf die Baugestalt der Villa genommen hatten. Im Liechtensteinpark in der Hinterbrühl bei Wien steht ein Schweizerhaus aus dieser Zeit, das dem Tiroler Vorbild näher ist, ein ebenfalls von dem Architekten August Siccard von Siccardsburg entworfenes Schweizerhaus für Hütteldorf bei Wien wird 1862 in der „Bauhütte" neben einem „Tyrolerhaus" publiziert, das in Wirklichkeit das bekannte Rote Haus in Dornbirn abbildet. Es hat genausowenig mit dem Tiroler Bauernhaus zu tun wie eben auch die Schweizerhäuser mit ihrem Vorbild nur entfernte Verwandtschaft zeigten und unsere heutigen Tirolerhäuser mit wirklichen Bauernhäusern nichts mehr gemein haben.

Von einer ganz andersartigen Reaktion auf das gegebene bäuerliche Vorbild zeugen jene einzigartigen und noch heute beispielhaften Bemühungen Erzherzog Johanns, der im Zuge seiner Reformarbeiten für die Steiermark insbesondere die Landwirtschaft, die in dieser Zeit für einige Hungersnöte mitverantwortlich war, und das ländliche Bauwesen zur Gänze neu organisierte. Hatten schon die Bauordnungen des 18. Jahrhunderts durch ihre feuerpolizeilichen Vorschriften Einfluß auch auf das bäuerliche Baugeschehen ausgeübt, so sind die Maßnahmen in der Steiermark die ersten, die sich die Entwicklung eines eng begrenzten Gebietes zum Ziel setzten. Um der Brandgefahr und dem herrschenden Holzmangel entgegenzutreten, fördert man ein unterkellertes, ziegelgedecktes Haus, dessen unverkennbares Merkmal ein von Säulen getragener Portikus ist, der die Tradition des steirischen Hauses mit einer kleinen Vorlaube (Eßgangl) beziehungsweise der Wiederkehr aufnimmt. Interessant ist die Beobachtung Pöttlers, daß diese Vorlaube in vielen Fällen jetzt nicht mehr als Eingang genutzt, sondern das Haus von der Hofseite betreten wird; häufig wird der Portikus wieder als überdeckter, freier Sitzplatz in der alten Tradition des Eßgangls verwendet. Heute beherrscht dieser Haustypus vor allem die Umgebungsbezirke von Graz und bildet einen Fixpunkt in den steirischen Hauslandschaften.

Ebensolche Bedeutung erlangten in der Steiermark die großen Scheunen mit ihren der Belüftung dienenden kunstvoll geschichteten Ziegelgittern, die auf die Initiative der 1828 gegründeten Brandschadenversicherung zurückgehen.

Eine zweite Landschaft mit ähnlich großen Veränderungen am Anfang des 19. Jahrhunderts ist Kärnten, wo sich das Vorbild von Schloßbauten und adeligen Gutshöfen über den Umweg der Landpfarrhöfe und großer Einkehrgasthäuser sehr schnell auch auf das bäuerliche Baugeschehen übertrug. Diese Stöckl verdrängten die alten, dort herrschenden Hauslandschaften und bestimmen zusammen mit den ebenfalls so wie in der Steiermark entstandenen großen Scheunen, die häufig von Maurern aus dem Friaul gebaut wurden, das Bild dieser neuen Kulturlandschaft.

In einer Rede anläßlich des zehnjährigen Bestandes der k. k. Landwirtschaftsgesellschaft erklärte Erzherzog Johann: „Im Gebäudewesen ist eine Veränderung in jeder Landstrecke sichtbar, in manchen auffallend. Alte hölzerne Gebäude weichen steinernen, die neuen Wohnstuben werden geräumiger, lichter, luftiger, folglich gesünder gebaut. Selbst da, wo noch Holz, den Verhältnissen angemessen, an der Tagesordnung ist, geschehen bedeutende Verbesserungen, und derjenige, dessen Mittel beschränkt sind, baut wenigstens eine kleine Stube besser, schneidet größere Fenster ein, stellt die Rauchstube ab, gewölbet seine Küche... Die Strohdächer machen Platz Dächern von Ziegeln...“ Was Erzherzog Johann hier mit so einfachen Worten schildert, ist nichts anderes, als eine Zusammenfassung dessen, was vor seinen Maßnahmen und danach auch immer geschehen ist: Nach der Besitznahme am Anfang der Besiedlung wurden die Typen weiterentwickelt und vervollkommnet. Der Weg geht von den Rauchstuben und Rauchküchen zu rauchfreien Häusern mit Sparherden, die Räume werden laufend vergrößert (wie zum Beispiel im Bregenzerwald durch das Eingliedern der Schöpfe in den eigentlichen Verband des Hauses oder im Oberinntal durch die „Vollendung“ des Seitenflurhauses zum Mittelflurhaus) und im Zuge dessen auch besser belichtet. Der verstreut liegende Haufenhof rückt mit seinen Teilen zusammen und wird zum Paar- und schließlich zum Einhof. Die Modi dieses Zusammenrückens sind verschieden und führten, vor allem und sinnvollerweise in schneearmen Gegenden, zur Hofbildung, deren vollendetster Repräsentant der Vierkanter geworden ist. Dort, wo der im Hof liegende Schnee zum Hindernis werden könnte (eine Ausnahme bildete der Ringhof des Nockgebietes, der vielleicht auch aus diesem Grund aufgegeben wurde), werden andere Organisationsformen gesucht, die zu T-, Doppel-T- und kreuzförmigen Anlagen geführt haben. Hand in Hand mit diesen Entwicklungen geht auch ein Wechsel in den verwendeten Materialien, die unter dem Begriff „Verhärtung“ summiert werden könnte: die gezimmerten Höfe werden immer mehr durch den Prozeß der „Vermauerung“ zurückgedrängt, beim Dach wurde das Stroh zuerst vom Holz, dann vom Ziegel aus Ton, später aus Beton oder Asbestzement verdrängt; im Osten Österreichs wurden die ursprünglich aus einem Gemisch von Stroh und Lehm gestampften Mauern durch Wände aus gebrannten Ziegeln abgelöst, anstelle der weichen Putzhaut des Lehmhäcksels, die mit einer Kalktünche gefärbelt wurde, trat zuerst der Kalk- und heute der durchgefärbte Zementverputz. Auf diese Weise sind vor allem seit dem Zweiten Weltkrieg die Bauernhäuser zum Exerzierfeld einer höchst fragwürdigen Entwicklung geworden, die sie zu Musterkarten des Baustoffhandels degradierte.

BURGENLAND

Oberwart

Das langgestreckte, Nord–Süd gerichtete Bundesland wird in seiner Mitte durch den Zöbernbach in zwei Teile zerschnitten, die in ihrer topographischen Struktur, den historischen Verhältnissen und dadurch in ihren Siedlungs- und Hausformen deutliche Unterschiede aufweisen.

Der Nordteil wird durch äußerst planmäßige, geschlossene Sammelsiedlungen beherrscht, wie wir sie sonst nur noch in Niederösterreich kennen. Sie hatten in der weiten, ebenen Landschaft die Möglichkeit zur großzügigen räumlichen Entfaltung. Die Ortschaften wurden zwischen dem 10. und 13. Jahrhundert erstmals besiedelt und im Laufe der Zeit zu immer planmäßigeren Anlagen weiterentwickelt. Den Gipfel erreichen diese Bestrebungen nach 1700 bei der Neugründung der während der Türkenkriege vielfach aufgegebenen und verödeten Siedlungen des Seewinkels, die als geometrisierte, weitausgedehnte Ingenieurdörfer wiedererrichtet wurden. Dabei bedient man sich der im Nordosten Österreichs üblichen Muster des Zeilendorfes, Straßendorfes und der Angerdörfer als regelmäßigster Form mit ihren verschiedenen Ausformungen (Schmal-, Linsen-, Breit- und Dreiecksanger).

Der Anger in der Mitte ist der gemeinsame Wirtschafts- und Lebensraum der Dörfer, nach außen werden sie durch die wegen der Feuersgefahr abgerückten Scheunengassen begrenzt. Diese Scheunen waren ursprünglich strohgedeckt, besaßen weit herabgezogene Vollwalmdächer und wurden erst später durch die heute vorhandenen giebel- und traufständigen, im wesentlichen in Stein gemauerten Scheunen ersetzt.

Im Südburgenland führte die topographische Situation zu anderen Lösungen: In den hügeligen Abschnitten herrschen Streusiedlungen vor, in den Talniederungen finden wir planlose Haufendörfer, Straßendörfer und locker geformte Angerdörfer. Beim Haus ist sowohl im Nord- als auch im Südburgenland der fränkische Streckhof der Ausgangspunkt der Entwicklung. Die Schmalseite dieses auf engen Parzellen errichteten Hauses blickte zum Anger und besaß entweder einen gemauerten Giebel oder bei Blockbauten ein weit herabgezogenes, strohgedecktes Walmdach, wie wir es im Südburgenland heute noch antreffen können.

Im Grundriß liegt vorne an der Straße die Stube, daran das abgeriegelte Vorhaus mit der Küche, dahinter schloß sich eine weitere Kammer an. Wirtschaftsgebäude – Ställe, Preßhäuser, Keller, Schuppen – schlossen den Hof nach hinten ab. Aus diesem Streckhof gehen der Haken-, Zwerch-, Drei- und Vierseithof hervor, der den Endpunkt in der Entwicklungsreihe darstellt.

Im Nordburgenland ist der Streckhof auch heute noch am häufigsten anzutreffen; nur in wenigen Fällen entwickelte er sich zum Hakenhof weiter.

Zwerchhöfe, die an der Straßenseite neben der Einfahrt noch einen zusätzlichen Wohnraum besitzen, und Gassenfrontenhäuser, bei denen alle Wohnräume zur Straße hin orientiert sind und wo der Wohnteil nicht mehr nur vom Hof, sondern auch von der Gasse zu betreten ist, kom-

Trausdorf an der Wulka

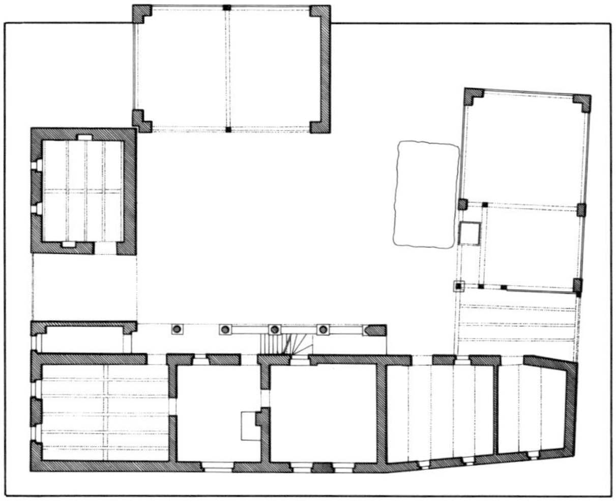

Vierseithof des Südburgenlandes

men nur in reicheren Gemeinden vor. Ein Charakteristikum des Nordburgenlandes ist die Küche mit den schon im 16. Jahrhundert gewölbten Trichterkaminen, durch die alle übrigen Teile des Hauses rauchfrei geblieben sind.

Grund für die Dominanz der Streckhöfe bis weit in die sechziger Jahre unseres Jahrhunderts ist die wirtschaftliche Entwicklung. Der Weinbau ging nach einer Blüte im 16. und 17. Jahrhundert als wichtigste Erwerbsquelle ständig zurück, die Reblauskatastrophe Ende des 19. Jahrhunderts führte zur Stagnation der baulichen Erneuerung. Eine andere Folge waren starke Besitzzersplitterung und die Aufteilung der Höfe in ihrer Längserstreckung.

Während im Nordburgenland die Häuser entweder aus Sandstein gemauert oder aus ungebrannten Lehmziegeln errichtet (gesatzt) wurden, war im Süden in vielen Fällen Holz das grundlegende Baumaterial. Deshalb kommt es hier auch, um den Rauch genügend abzukühlen, zur Ausbildung von Rauchküchen; man vermied auch eine innere Verbindung der Räume und erschloß sie von außen über einen von einem weiten Dachvorsprung gedeckten Gang (Gredn). Er wurde im 19. Jahrhundert verbreitert, das Dach durch Pfeiler abgestützt, wodurch die charakteristischen Arkadengänge entstanden.

Eine weitere Besonderheit des südlichen Burgenlandes sind die Preßhäuser. Sie haben sich vor allem in Heiligenbrunn erhalten und sind in Blockbauweise über Eichenschwellen errichtet. Ihre weiß gekalkten Baukörper werden durch schwere gewalmte Strohdächer abgedeckt.

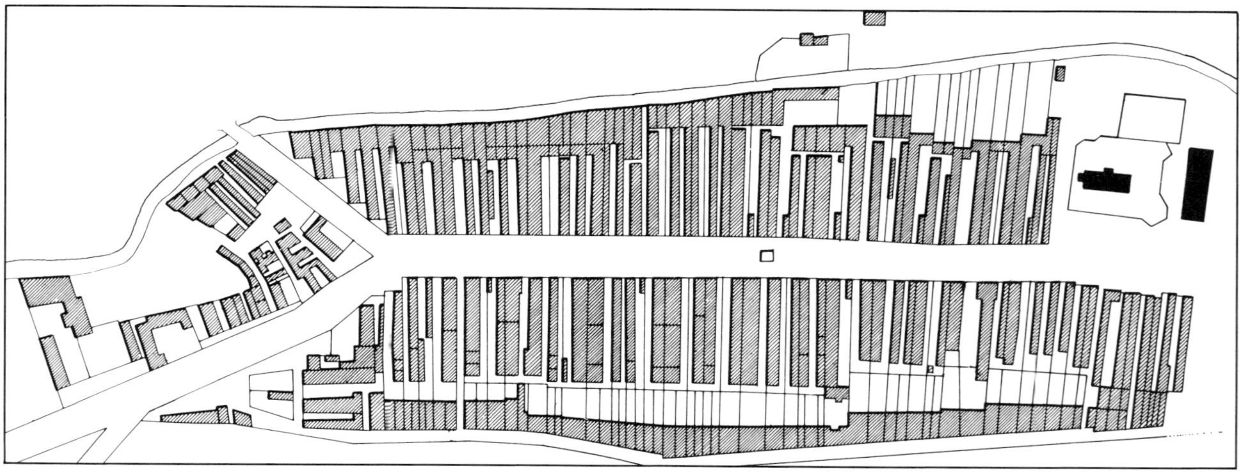

Oslip, Umzeichnung des Katasterplanes von 1855

Trausdorf an der Wulka

Mörbisch

Mörbisch

Mörbisch

Trausdorf an der Wulka

Großhöflein

Oslip, Cselleymühle

Neumarkt an der Raab

Bäuerin beim Kalken

Eberau

Trausdorf an der Wulka

Trausdorf an der Wulka

Heiligenbrunn

Heiligenbrunn

Heiligenbrunn

Heiligenbrunn

Jabing

Unterwart

Inzenhof

Unterwart

Unterwart

Unterwart

Breitenbrunn, Weinkeller, bez. 1866

Rossatz

NIEDERÖSTERREICH

Zwei Wellen der Besiedlung haben Niederösterreich ihren Stempel aufgedrückt und bestimmen damit noch heute die bäuerliche Kulturlandschaft: Die erste hatte in der Karolingerzeit das Alpenvorland im Südwesten Niederösterreichs erfaßt und das bajuwarische Haus mit dem durchgängigen Mittelflur gebracht. Für das Gebiet nördlich der Donau und den Südosten ist eine zweite Kolonisation entscheidend, die im letzten Drittel des 10. Jahrhunderts beginnt und mit der Besiedlung des Waldviertels im 12. Jahrhundert endet. Diese Epoche brachte die fränkischen Höfe mit dem abgeriegelten Vorhaus und die großen Regelsiedlungen: Zeilen-, Straßen- und Angerdörfer.

Der wichtigste Repräsentant des bajuwarischen Grundtyps ist so wie in Oberösterreich auch in Niederösterreich der Vierkanthof, der von der Enns im Westen bis weit in den Osten reicht und sich hier mit verschiedenen Formen des Drei- und Vierseithofes mischt. Das Wohnhaus ist ein durchgängiges Mittelflurhaus. Der Flur ist meist gewölbt, von der Küche aus zugänglich ist der Pferdestall, ihm gegenüber liegt der große Rinderstall, nach hinten schließt die Scheune den Hof. In vielen Fällen wurden diese Vierkanter in Niederösterreich, an denen oft Generationen bauten, schon im 19. Jahrhundert zur Bauzeit verputzt und tragen die typischen vorgefertigten Zierformen dieser Zeit.

Keine Verbreitung konnten diese Vierkanter im südlichen, gebirgigen Bereich des niederösterreichischen Mostviertels finden, wo wir vielfach kleinere Hofformen, T- und Doppel-T-Höfe antreffen. Beim Doppel-T-Hof stehen Wohnhaus und Scheune wie beim Paarhof parallel zueinander und sind durch den dazwischenliegenden Stall zu einer Einheit verbunden.

Dem bajuwarischen Siedlungsgebiet gehören auch Teile des an die Steiermark grenzenden Wechselgebietes an, wo wir regelmäßige Drei- und Vierseithöfe wie im Joglland finden.

Alle anderen niederösterreichischen Hauslandschaften entsprangen dem durch die Rauchküche abgeriegelten fränkischen Haustyp, dessen Vorhaus nicht mehr durchgängig ist.

Im Waldviertel finden wir Haken- und in der Mehrzahl Dreiseithöfe vor; auch viele Vierseithöfe sind aus den Dreiseitern durch Überbauung der Hofeinfahrt entstanden. Die Dreiseithöfe zeigen zur Straße hin ihre beiden mit einem kleinen Walm versehenen Giebel, hinter denen sich das Wohnhaus des Bauern und an der gegenüberliegenden Seite der Speicher oder ein zweiter kleinerer Wohnteil für den Altbauern befinden. An der Grenze zum Mühlviertel bleiben die zum Mauern verwendeten Granitsteine sichtbar, sonst sind sie verputzt und tragen sparsamen architektonischen Dekor des 19. oder beginnenden 20. Jahrhunderts.

So wie in den anderen vom fränkischen Hoftypus geprägten Bereichen ist es hier frühzeitig zur Ausbildung von Zwerchhöfen gekommen, bei denen jenseits der überbauten Einfahrt noch ein Wohn- oder Wirtschaftsraum liegt.

Eine Entwicklungsform des 19. Jahrhunderts,

Radlbrunn

die im Zusammenhang mit dem damals stark einsetzenden Verstädterungsprozeß steht, sind die Gassenfrontenhäuser, bei denen das Wohnhaus erstmals nicht nur über den Hof, in dem sich ja noch immer der Misthaufen befand, betreten werden muß, sondern direkt von der Straße über einen Gang zugänglich geworden ist. Gleichzeitig ist mit dieser Maßnahme ein großer Teil der Wohnräume zur Straße und nicht mehr zum Hof hin orientiert.

Diese Entwicklung gilt in noch viel stärkerem Maß für das Weinviertel und das südlich der Donau gelegene Wiener Becken, wo die ursprünglich aus ungebrannten Lehmziegeln errichteten einfachen und kleinen fränkischen Streckhöfe seit dem 19. Jahrhundert einem rigorosen Erneuerungs- und Verdrängungsprozeß unterworfen worden sind. Sie sind heute fast ganz aus dem Bild der Regeldörfer, wo sie sich dicht aneinanderreihten, verschwunden.

Eine Mittelposition nehmen die Zwerchhöfe ein, die seit der Renaissancezeit vor allem in den großen Weinbaugemeinden eine beherrschende Rolle einnehmen. Trugen sie oft die reichen Sgraffitodekorationen ihrer Erbauungszeit, leben die langgestreckten Fassaden der Gassenfrontenhäuser durch den schlichten Putzdekor und die gut proportionierten, leicht vor der Fassadenoberfläche sitzenden Fenster.

Ein wichtiger funktioneller Bestandteil, der aber auch großen ästhetischen Wert besitzt, sind die Höfe, bei denen der Wohnteil mit dem dahinterliegenden Stalltrakt durch einen Arkadengang verbunden ist.

Parallel zum inneren Bild der Siedlung, das die Fassaden der Gehöfte bilden, sind es nach außen die Scheunen, die, trauf- oder giebelständig, als Quer- oder Längsscheunen, die Orte gegen die Flur abschließen; bei altertümlichen Beispielen haben sich noch die weit herabgezogenen, ursprünglich strohgedeckten Voll- oder Krüppelwalmdächer erhalten. Weitab vom Dorf, in der Nähe der Weingärten, befanden sich Preßhäuser und Weinkeller, zu Gassen und kleinen Plätzen organisiert. Mit ihren klaren, weiß gekalkten Baukörpern können sie vielleicht am besten die großartige Nüchternheit der Weinviertler Architektur vermitteln.

Hanfthal

Hanfthal, Umzeichnung des Katasters

Krapfenberg

Straning

Hörmanns

Dreihöf

Unternalb

Radlbrunn

Röschitz

Ameisthal

Oberkreuzstetten

Münichsthal

Mailberg

Tulln

Weyerburg

Dreihöf

Bullendorf

Bullendorf

Minichhofen

Oberdürnbach

Saubichl

Bei Neupölla

Radlbrunn

Hüttendorf

Weistrach

Weistrach

St. Peter in der Au

Altpölla

Unterretzbach

Eggendorf

Weistrach

Pfaffing

Hörmanns

Aspersdorf

Wetzlas

Eggendorf im Thale

Porrau

Gaisruck

Hörmanns

Ebendorf

Patzmannsdorf

Niederhollabrunn

Neudegg

Patzmannsdorf

Bei Ungerndorf

Bei Unterstinkenbrunn

Wielandsthal

Bei Krumbach

Bei Ebenfurth

Bei Deutsch Brodersdorf

Bei Streitdorf

St. Leonhard

OBERÖSTERREICH

So vielseitig das Land selbst mit seinen Landschaften vom Alpenhauptkamm bis zum Böhmerwald, vom Flachland am Inn bis zu den Hügeln des Mostviertels ist, so vielgestaltig und durch gegenseitige Beeinflussung vermischt sind auch seine Hauslandschaften.

Im Kernland des Mühlviertels herrschen die aus der planmäßigen Kolonisation stammenden fränkischen Dreiseithöfe mit ihrem durch die Küche abgeriegelten Flur vor, die mit den Haustypen des niederösterreichischen Waldviertels eine geschlossene Hauslandschaft bilden.

Der Hof entwickelt sich fast immer über annähernd quadratischem Grundriß und ist zur Dorfstraße der Zeilen- und Reihendörfer durch eine Tormauer abgeschlossen. Auf einer Seite der beiden Köpfe liegt das Wohnhaus, auf der anderen der Altenteil. Im Westen vermischt sich dieser Hoftypus mit dem Innviertler Hof, im Süden mit dem Vierkanter des Mostviertels. Das Erscheinungsbild dieser mächtigen, meist in freier Landschaft gelegenen Höfe wird durch das Ornament der zum Mauern verwendeten Granitsteine und die dazwischenliegenden, weiß getünchten Mörtelzonen bestimmt, die Dächer waren ursprünglich strohgedeckt.

Eine andere klar umgrenzte Hauslandschaft ist das Innviertel. In präziser Zuordnung werden hier die einzelnen Teile des Hofes – Wohnhaus, Stall, Scheune und Schuppen – freistehend um einen quadratischen Hof gruppiert; die freibleibenden Ecken werden durch kunstvoll gezimmerte Tore geschlossen. Das Wohnhaus ist ein Blockbau mit flachem Legschindeldach, die konstruktiven Teile des Dachvorsprunges und seine Untersicht sind häufig bemalt. So kann es in seinem Aussehen die Verwandtschaft zum alpinen Haus nicht verleugnen; das gilt auch für die in aufwendigem Bundwerk gezimmerten Scheunen, die dem Wohnhaus gegenüberstehen.

Im Osten schließt an das Innviertel der Hausruck an, in dem sich ein Hoftyp entwickelt hat, der bis an die Traun, an das Verbreitungsgebiet der Vierkanter, reicht. Er ist ähnlich dem Innviertler Hof organisiert, nur sind hier die Wirtschaftsgebäude bereits zu einem geschlossenen U verbunden, die das zentral gelegene oder etwas aus der Mitte gerutschte und mit dem Stall verbundene Wohnhaus fassen. Auch hier ist das Wohnhaus oft noch ein Blockhaus, bedeckt durch ein Vollwalmdach, bei Häusern über quadratischem Grundriß durch ein Zeltdach, die das ursprüngliche flache Legschindeldach schon vor zweihundert Jahren verdrängt haben.

Die geschlossenste und repräsentativste Gehöftform Oberösterreichs ist der Vierkanter, dessen Verbreitungsgebiet sich von der Traun nach Osten bis an die Enns und darüber hinaus bis nach Niederösterreich zieht. Seine Herkunft liegt im dunkeln, die alte römische Besiedlung und die regelmäßigen Anlagen der Schlösser und Stifte des Landes werden immer wieder als Ursprünge und Einflußfaktoren angegeben.

Das Wohnhaus des Vierkanters weist den typischen dreigeteilten bajuwarischen Grundriß mit dem mittleren, durchgängigen, gewölbten Flur

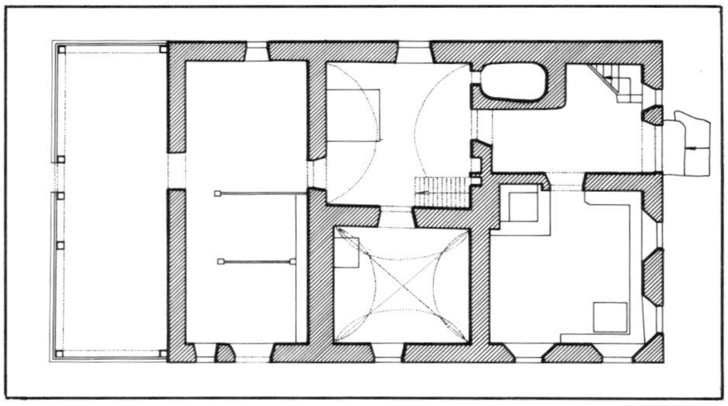

Haus des Salzkammergutes

(„Haus") und der Küche und den Stuben an den Seiten auf. Im Obergeschoß liegen neben der „Hohen Stube", die sich durch ihre bemalten Möbel auszeichnete und deshalb auch fast nie bewohnt, sondern nur hergezeigt wurde, weitere Kammern und der Schüttboden. Zum Hof geschlossen wurden die Vierkanter durch die Ställe (der Pferdestall ist separiert und über die Küche direkt mit dem Wohnhaus verbunden) und die Scheune an der Rückseite.

Wird die Fassade des Wohnhauses von den regelmäßig angeordneten, mit weißen Faschen gerahmten Fenstern und dem Material des sichtbaren Ziegels bestimmt, sind es an der Rückseite die Tore, die in vielen Fällen wie auch die Untersicht der Dachtraufen bemalt waren. Eine Besonderheit ist das „römische" Mauerwerk im Gebiet zwischen Enns und Steyr, bei dem abwechselnde Schichten von Ziegeln und runden Flußschottersteinen verarbeitet worden sind; diese Schotterstreifen wurden später auch häufig verputzt und weiß getüncht. Das Dach der Vierkanter besitzt einen durchlaufenden First und war ursprünglich mit Stroh gedeckt, was das majestätische Aussehen dieser Höfe, die oft eine Seitenlänge von achtzig Metern erreichten, in der freien Landschaft noch verstärkte.

Weniger geordnete Gehöftformen existieren im Südosten des Landes an der Grenze zur Steiermark in den Eisenwurzen, wo der Ausgangspunkt der Entwicklung im Haufenhof liegt. Die Tendenz zur Verdichtung führte hier einerseits zum Einfangen des Hofes („Ringhöfe") und damit in letzter Konsequenz zu Vierseitern und Vierkantern, die aus dem Norden immer mehr vordringen. In schneereichen Gegenden entstehen durch diesen Verschmelzungsprozeß hingegen T-, Doppel-T- und kreuzförmige Anlagen wie im angrenzenden Gebiet des südöstlichen Niederösterreich.

Den Südwesten, das Salzkammergut, besiedeln Paarhöfe (die sich im Gosautal noch in größerer Zahl erhalten haben) und an der Grenze zu Salzburg schließlich die mächtigen Einhöfe des Attergaues und des Mondseelandes. Das Wohnhaus dieses Mittertennhofes ist um einen mittleren Flur organisiert und war in seinem Ursprung ein in Blockbauweise errichtetes Rauchhaus. Nach hinten schließen die Durchfahrtstenne und der Stall an, die Rückseite im Westen wird mit Holzschindeln bekleidet, die den Höfen ihr unverwechselbares Aussehen geben.

Vierseithof des Alpenvorlandes

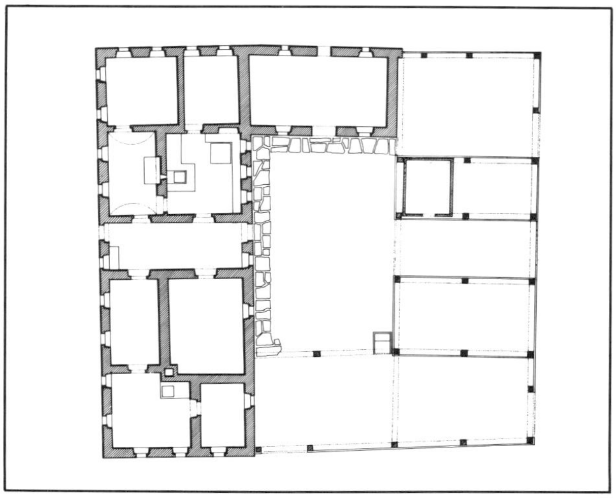

Dreiseithof des Mühlviertels

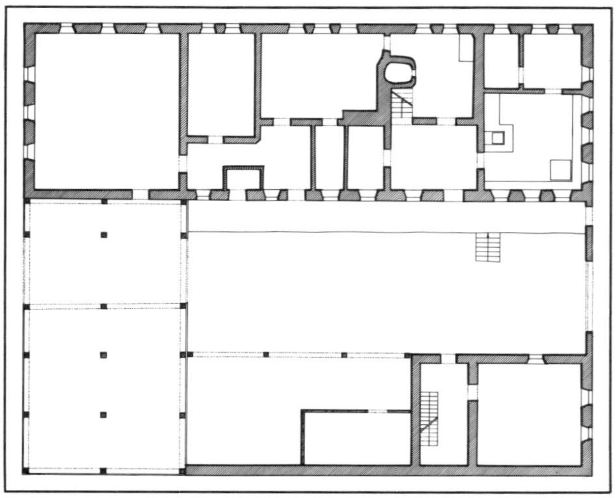

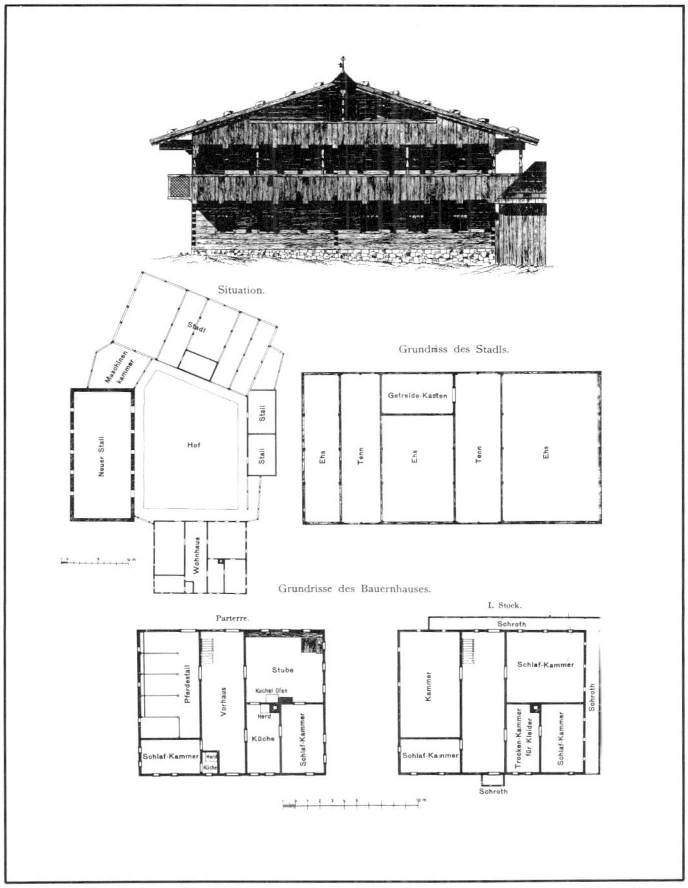

Vierseithof des Innviertels

Schnürberg

Wienau

Großstroheim

Pelmberg

Pelmberg

Siegelsdorf

Manndorf bei Adlwang

Magdalenaberg

Bei Hiesendorf

Magdalenaberg

Bei Pernau

Watzing

Bei Bad Wimsbach

Felling

Holzmaning

Manndorf bei Adlwang

Bei Kronstorf

Ranshofen

Regnersdorf

Hinzenbach

Schießdorf

Schmidham

Schießdorf

Hinzenbach

Kronstorf

Reuhub

Ödt

Bei Waldzell

Mitterndorf

Bei Waldzell

Weißbach

Bei Waldzell

Schießdorf

Schießdorf

Kößldorf

Gosau-Vordertal

Vorau

STEIERMARK

Die Teilung des Landes in die Alpen und voralpine Tal- und Beckenlandschaften führte zu einer Vielfalt von Siedlungs- und Hausformen, die in Teilen erstmals im 19. Jahrhundert und zum zweiten Mal in unserer Zeit stärkere Veränderungen erfuhren.

Im alpinen Bereich herrschen kleine Sammelsiedlungen (Weiler) oder Streusiedlungen mit Einzelhöfen vor, im flachen oststeirischen Hügelland und im Grazer und Leibnitzer Feld treffen wir auf sehr planvolle Zeilen-, Straßen- und Angerdörfer.

Vom Grundriß her ist das Haus in den meisten Fällen ursprünglich ein durchgängiges Mittelflurhaus, das erst sekundär durch den Einbau von Küchen bei der „Entrauchung" der Stuben abgeriegelt worden ist.

Mit einer der besterhaltenen Hauslandschaften der Steiermark werden wir im Ausseer Land konfrontiert, wo wir vollendete Paarhöfe antreffen. Zeigen die Stallstadeln nach außen die von der Witterung gebeizten dunklen Blockwände, besitzen die Wohnhäuser eine lotrechte Bretterverschalung mit einer silbriggrauen Patina, die in Kontrast zu den Fenstern steht. In der formalen Durchbildung ist eine deutliche Wechselbeziehung zu der hier schon sehr früh im 19. Jahrhundert entstandenen ersten Fremdenverkehrsarchitektur erkennbar. Auffallend ist das „Brückl", ein verandaartiger Vorbau beim Hauseingang, durch den man den mittleren Flur des Hauses, der Küche und Stube erschließt, betritt.

Auch im Ennstal finden wir einen Paarhof, der sich hier durch ein gemauertes Untergeschoß und das darüberliegende gezimmerte Obergeschoß mit einem vorgelegten Umgang vom Ausseer Haus deutlich absetzt. Die Stadel sind aus Rundholz gezimmert und bilden mit ihren Tennbrücken imposante Bauwerke.

Von einem Einsprengling im westlichen Ennstal um Schladming existieren heute nur mehr ganz wenige Beispiele. Diese sekundären Einhöfe mit einem nicht durchgehenden flachen Pfettendach gehören dem bayrisch-salzburgisch-tirolischen Bautypus an.

Großartige Beispiele der steirischen Holzarchitektur haben sich im obersten Murtal und in der Krakau erhalten, wo Haufenhöfe und seltener breitgelagerte Einhöfe bis weit nach der Jahrhundertwende ihre Rauchstuben behielten. Ihr Gewicht erhalten diese mächtigen Häuser und Stadeln durch die eindrucksvollen Schindeldächer, deren Abwalmung an den Giebeln weit herabgezogen ist.

Einen Haufenhof ähnlicher Art finden wir im Mürztal, wo der große Stadel den Hof beherrscht, während sich das Wohnhaus mit seiner relativ schmalen Giebelfront unterordnet.

Haufenhöfe existieren auch im nördlichen Teil des Weizer Bezirkes westlich des Joglllandes. Die Wohnhäuser dieser bescheideneren Anlagen besitzen unter dem weit ausladenden Giebel (Krüppelwalm) ein Gangl und sind oft durch eine zusätzliche Stube („Wiederkehr") im rechten Winkel zum Haupttrakt erweitert.

Diese Erweiterung des Hauses durch die Wie-

Haufenhof der Nordoststeiermark

derkehr gibt es auch bei den weststeirischen Blockbauten, durch die das Haus die zwei charakteristischen, von steilen Dächern bedeckten Giebeln erhält, die hier zwar keinen Walm, aber wieder das überdachte Gangl besitzen.

Der planmäßige Zusammenschluß der einzelnen Gehöftteile ist nur am Obdacher Sattel üblich gewesen, wo Wohn- und Wirtschaftsgebäude beim „Norischen Gehöft" zu einer Art Ringhof geformt werden, wie wir ihn aus dem Kärntner Nockgebiet in einer vollendeten Form und ansatzweise aus den oberösterreichischen Eisenwurzen kennen.

Geordnete Vierseithöfe besaß ursprünglich das Hochland des Wechsels; dem Wohnhaus gegenüber lag hier der Stall, beide Teile wurden durch die Scheune beziehungsweise Wagen- und Geräteschuppen miteinander verbunden.

In der Anlage ganz ähnlich ist der oststeirische Vierseithof (südlich Hartberg), der allerdings nicht in Holz gezimmert, sondern gemauert ist. Das 19. Jahrhundert hat hier schon frühzeitig in die Entwicklung des Bauernhauses eingegriffen, insbesondere die Zierformen der Ziegelgitter stechen ins Auge.

Ähnlich intensiv ist der Einfluß des 19. Jahrhunderts auf die Hauslandschaft südlich der Raab, vor allem aber auf das Umland von Graz gewesen, wo das Wohnhaus und die Wirtschaftsgebäude einem grundlegenden Wandel unterzogen wurden. Ausgangspunkt der Entwicklung sind Haken-, Drei- und Vierseithöfe, die sich zu planmäßigen Regeldörfern gruppieren.

Gefördert durch die k. k. Landwirtschaftsgesellschaft taucht am Anfang des 19. Jahrhunderts ein an seiner Traufseite durch einen säulengestützten Portikus erschlossenes Wohnhaus auf, das in seiner Formensprache deutlich vom Klassizismus beeinflußt ist und unter der Bezeichnung Erzherzog-Johann-Haus bekannt wurde. In den Scheunen dieses Gebietes, deren beste Vertreter bei den unzähligen Mühlen an der Raab stehen, sind aber auch gotisierende Formen anzutreffen.

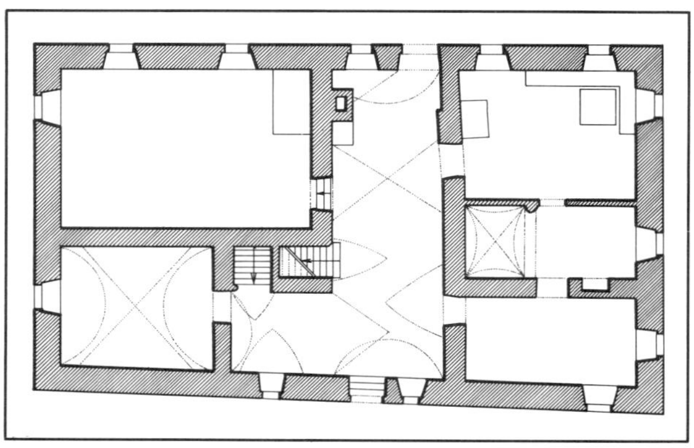

Gemauertes Haus des oberen Murtales

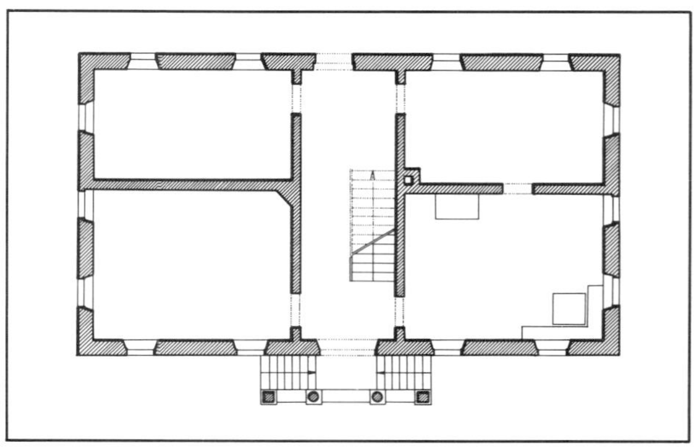

Erzherzog-Johann-Haus

Krakauhintermühlen

Krakauebene

Krakauschatten

Predlitz

Etzersdorf

Rabendorf

Gaalgraben

Rettenegg

Unterfeistritz

Unterfeistritz, bezeichnet 1720

Krakauhintermühlen

Pichl

Vordernberg

Bad Aussee

Archkogl

Altaussee

Gaalgraben

Gaalgraben

Pusterwald

Krakauebene

Krakauebene

Rollsdorf

Baierdorf

Illensdorf

Baierdorf

Vasoldsberg

Zöbing an der Raab

Zöbing an der Raab

Rohr an der Raab

Hofstätten an der Raab

Hohenilz

Illensdorf

Pusterwald

St. Martin im Sulmtal

Hl. Dreifaltigkeit

KÄRNTEN

Die Fülle der Kärntner Hauslandschaften kann man in vier Hauptbereiche gliedern, die selbst wieder eine Menge kleinerer Hauslandschaften beinhalten. Grund für diese auffällige Zersplitterung Kärntens ist seine Lage im Brennpunkt verschiedenster Kulturbereiche.

Die erste große Landschaft umfaßt Oberkärnten mit dem Lesachtal, Mölltal, Drautal und Liesertal. Es dominieren alpine, planmäßige Paarhöfe, die mit den Giebeln firstparallel ins Tal schauen. Die Höfe des oberen Mölltales und des Lesachtales erinnern mit ihren breitgelagerten Fassaden stark an die angrenzenden Bauten Tirols und Salzburgs; das Lesachtal ist auch wirklich vom angrenzenden Pustertal aus besiedelt worden. Ursprünglich wurden diese Blockbauten von der Giebelseite her erschlossen und trugen flachgeneigte Pfettendächer, die mit Legschindeln gedeckt wurden. Allmählich wurde sowohl beim Wohnhaus als auch beim Stadel das Erdgeschoß vermauert. Sind die Scheunen in ihrem Aussehen durch die Trockengerüste geprägt, ist es am Wohnhaus der an der Giebelseite liegende Balkon, der das Aussehen bestimmt.

Die zweite große Hauslandschaft Kärntens umfaßt das Nockgebiet mit den eigenständigsten Hofanlagen Kärntens, den Ringhöfen, die sich vor allem um das Zentrum Kleinkirchheim entwickelten. Sie waren noch am Anfang unseres Jahrhunderts in großer Zahl vorhanden, ihr Bestand hat sich aber bis heute auf wenige Beispiele reduziert. Gekennzeichnet ist ihre Anlage durch die klare Teilung in ein Wohnhaus mit dem Getreidekasten und einen um einen Hof gruppierten Wirtschaftsteil. Er setzt sich aus zwei mächtigen parallelen Stallstadeln, die mit ihrer Rückseite im Hang enden, und einem Pferdestall mit dem Einfahrtstor in den Hof an der Vorderseite zusammen.

Das zweigeschossige Wohnhaus wird an der Traufseite durch einen durchgängigen Mittelflur erschlossen. An der Talseite liegen die große, geräumige Rauchstube und ein kleineres Ofenstübl, an der Hangseite die Vorratsräume. Das Äußere bestimmen die in beiden Geschossen umlaufenden Balkone, das abgeschopfte Dach mit der „Ansatzlücke“ im First und die Bretterdeckung. Neben dem Wohnhaus ragte der gezimmerte Getreidekasten hoch auf.

Eine dritte alte Kärntner Hauslandschaft liegt im Gailtal, wo wir Streckhöfe vorfinden, die sich von den übrigen Kärntner Häusern dadurch unterscheiden, daß schon immer eine Rauchküche vorhanden gewesen ist, die später manchmal als rauchlose Flurküche in den geräumigen Mittelflur des gemauerten Erdgeschosses abwanderte. Im Obergeschoß (Ständerbauweise) liegen Kammern und Speicherräume, nach außen sind den Räumen Laubengänge vorgelagert.

Eine Besonderheit dieser weiten Tallandschaft sind die in den Wiesen verstreut liegenden, am Rand der Orte zu größeren Gruppen geballten Feldharpfen und Trockenscheunen, die kunstvolle Holzkonstruktionen sind und als Kösen bezeichnet werden.

Die vierte große alte Hauslandschaft umfaßt

Liebenfels

Paarhof des Liesertales

das gesamte Gebiet Unterkärntens. Ausgangspunkt der Entwicklung waren hier Häuser, bei denen Räume verschiedenster Größe um eine saalartige Rauchstube addiert worden sind, die von außen her über eine Labn, einen Gang als ordnendes Element, erschlossen worden sind. Abgedeckt wurde dieser Urtypus von einem mächtigen strohgedeckten Walmdach. Aus ihm entwickelte sich das Längslaubenhaus, das heute weite Teile des Kärntner Beckens beherrscht. Es besaß, durch die Laube erschlossen, Kammer, Rauchstube und Ofenstube. Diese offene Laube wurde schließlich fest verbaut, wodurch das junge Flurküchenhaus entstand.

In den Berglagen Unterkärntens waren der Längenausdehnung vielfach Grenzen gesetzt, was zu Winkelhäusern führte, wie wir sie in der Weststeiermark kennengelernt haben.

Eine von der Hausforschung noch nicht befriedigend ausgelotete Rarität sind die „Norischen Gruppenhöfe". Das gemauerte Untergeschoß, der um das Haus laufende Gang vor dem gezimmerten Obergeschoß und das Vollwalmdach sind die wesentlichen Merkmale dieses urtümlich erscheinenden Hoftyps, bei dem der Stadel dicht an das Haus heranrückt.

All diese „altartigen" Höfe wurden schon seit der Biedermeierzeit einem grundlegenden Wandel unterworfen. Vorbild sind die „Stöckl" der Gutshöfe des Krapp- und Zollfeldes, die über Pfarrhöfe und Landgasthäuser schnell Eingang ins bäuerliche Baugeschehen fanden. Äußeres Kennzeichen ist das hohe Vollwalmdach, das sich bis zu weiterhin holzgezimmerten Einschichthöfen verfolgen läßt. Nicht zu vergessen sind in diesem Zusammenhang auch die großen Ziegelscheunen mit ihren Lüftungsgittern, die heute das Bild dieser Landschaft beherrschen.

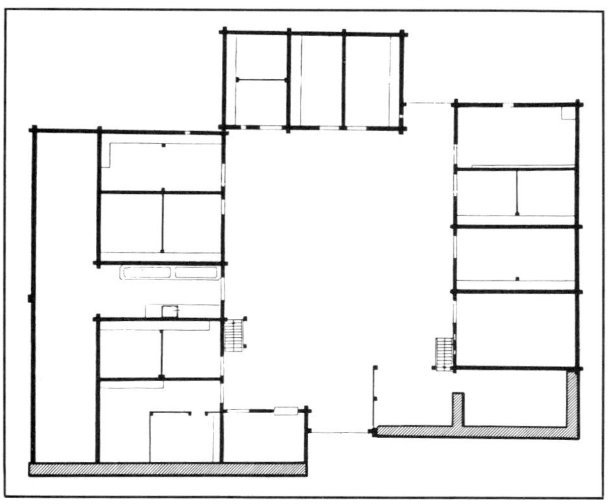

Ringhof des Nockgebietes

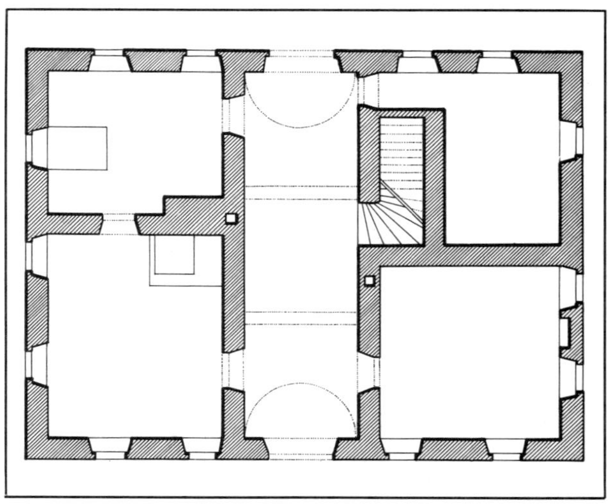

„Stöckl" des 19. Jahrhunderts

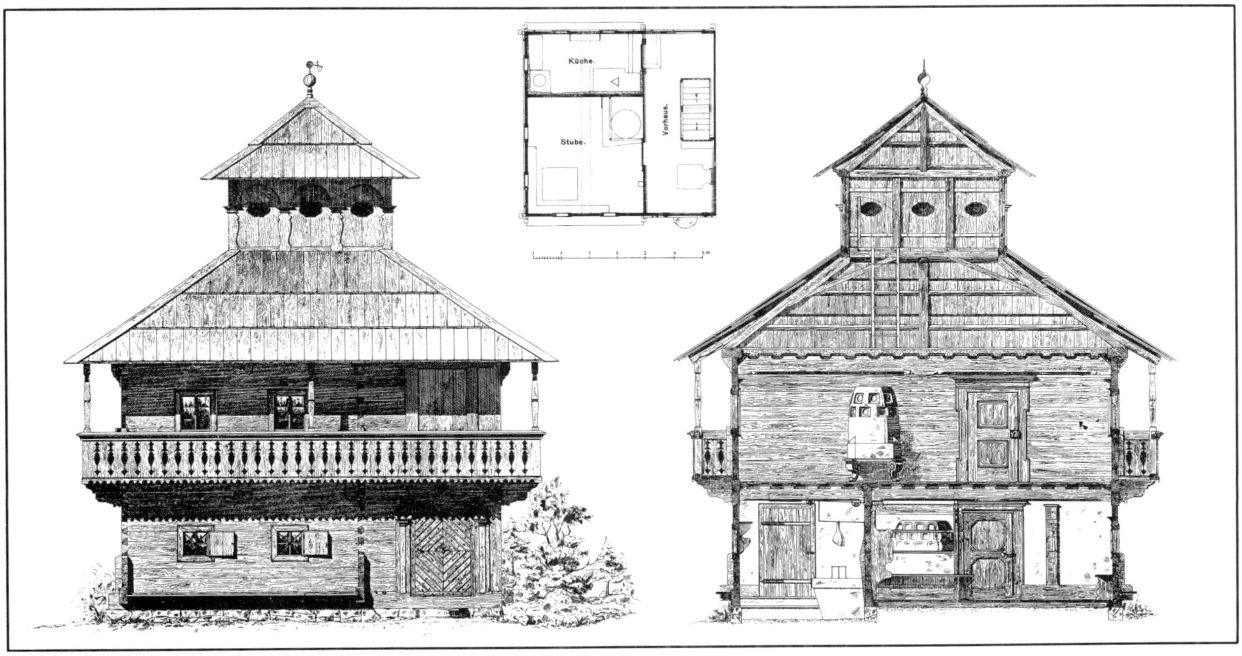

„Keusche" aus dem Drautal

Maria Saal, Freilichtmuseum (ursprünglich in St. Oswald ob Kleinkirchheim)

Bei Globasnitz

Bei Globasnitz

Arriach

Dellach

Treßdorf

Grafendorf

Hochosterwitz, bezeichnet 1559

St. Oswald ob Kleinkirchheim

Außerteuchen

Außerteuchen

Gretschitz

St. Oswald ob Kleinkirchheim

Rüben

Maria Luggau

Xaveriberg

Kaning

Mattling

Gretschitz

Strajach

Gösseling

Strajach

Gretschitz

Kaning

Soboth

St. Klementen am Krappfeld

Wolfsberg

Wolfsberg

Wolfsberg

Pörtschachberg

Bei Mölbing

St. Martin am Krappfeld

Rauris

SALZBURG

Parallel zur geographischen Gliederung des Landes in Flachgau, Tennengau, Pongau, Pinzgau und Lungau können wir auch entsprechende Hauslandschaften feststellen, in denen sich sowohl Haufenhöfe, als auch Paar- und Einhöfe entwickelt haben.

Eine Ausnahme bilden die Hofanlagen im Lamprechtshausner Bereich, wo aus dem oberösterreichischen Innviertel meist als Drei- oder reduzierte Vierseithöfe ausgebildete planmäßige Mehrhausanlagen herüberreichen. Das Wohnhaus ist in vielen Fällen noch ein Blockbau und trägt an seiner Giebelseite als Schmuck gezimmerte Hausgänge.

Der Einhof des Flachgaues ist ein Mittertennhof, der sich aus den drei Teilen Haus, Tenne und Stall zusammensetzt. Sie lagen ursprünglich unter einem flachgeneigten, einheitlichen Dach, das meist schon im 19. Jahrhundert durch ein steileres mit Schopf ersetzt worden ist, um den Bergeraum zu vergrößern. Erweitert werden mußte in vielen Fällen auch der Stall, was zu den T-förmigen Anlagen mit ihren breit hingelagerten, verschindelten und mit Bäumen dicht eingepflanzten Rückseiten im Westen führte.

Dreigeteilt wie der Gesamtgrundriß des Hofes ist auch der des Wohnhauses selbst, das als Mittelflurhaus vom Giebel her erschlossen ist. Der Herd, der sich ursprünglich im Flur befand, wurde in eine Küche hinter der Stube verlegt; beim Rauchhaus trocknete der durch das Vorhaus über das Dach frei abziehende Rauch das hier aufbewahrte Getreide vor dem Dreschen. Waren diese alten Rauchhäuser zur Gänze gezimmert, wurde zuerst das Erdgeschoß des Wohnhauses, schließlich der gesamte Hof als Mauerwerksbau errichtet.

Einen weiteren Einhof treffen wir im Tennengau an, der sich vom Flachgauer durch seine Hanglage (parallel zu den Schichtenlinien) und daher die von der Bergseite her erschlossene Hochtenne unterscheidet. Unter ihr liegt zwischen Wohnhaus und Stall der Futtergang. Aufgrund der großen Breite des Hauses an der Giebelseite (es ist nur einen Raum tief) ist es möglich, neben dem Flur an der Bergseite noch den Pferdestall, an der Talseite neben der Stube noch eine Schlafkammer unterzubringen. Auch bei diesem Hof ist das flachgeneigte Legschindeldach schon häufig verschwunden und durch ein steiles Dach mit Krüppelwalm ersetzt worden. Den Schmuck der Giebelfassaden bildet im Obergeschoß ein unter dem Dachvorsprung und vor den Dachkammern liegendes Gangl.

Ein Ausläufer der Einhoflandschaft Bayerns und Tirols muß im Einhof des Pinzgaues gesehen werden, der sich im Gebiet des Saalachtales durch das Zusammenschieben von Wohnhaus und Stallstadel unter ein einziges flachgeneigtes Pfettendach gebildet hat. Das Wohnhaus ist wieder ein Mittelflurhaus mit gemauertem Erd- und gezimmertem Obergeschoß.

Eine Sonderstellung nimmt der Lungau – die einzige Salzburger Region südlich der Alpen – ein, dessen Ein- und Paarhöfe schon immer durch das stark geneigte und abgewalmte Scher-

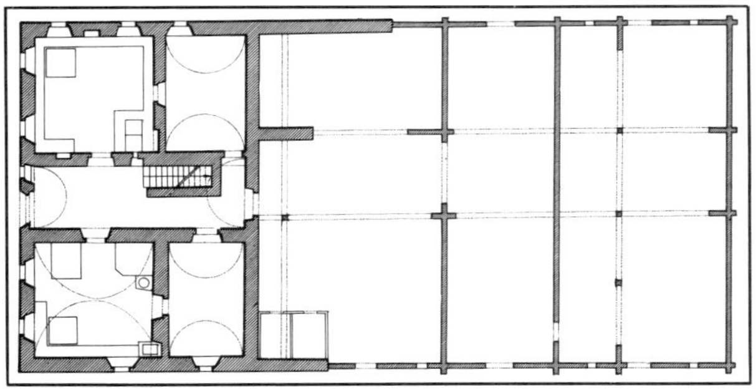

Einhof des Mondseelandes

Fassade eines Lungauer Hofes

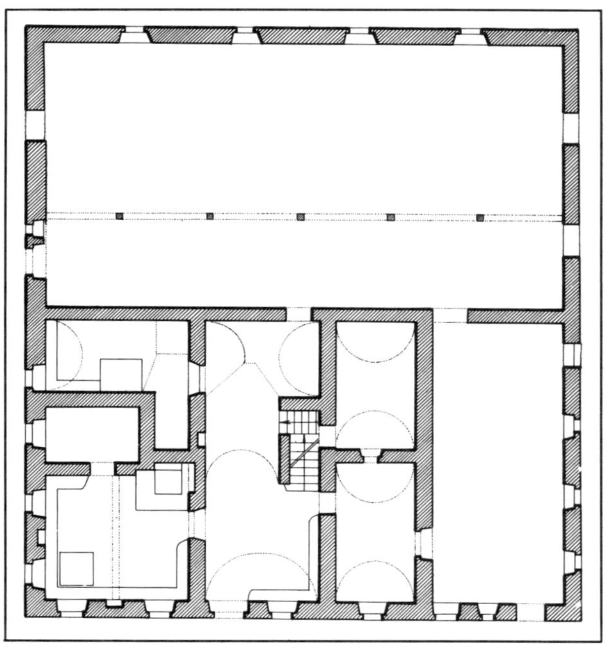

Einhof des Oberpinzgaues

balkendach bedeckt wurden. Es lädt auch nicht so weit aus wie das Dach nördlich des Alpenhauptkammes, sondern besitzt nur einen knappen Dachvorsprung, der zum massiven, gedrungenen, körperhaften Aussehen dieser Häuser wesentlich beiträgt. Das Erdgeschoß dieser Höfe ist gemauert, das Obergeschoß in Blockbauweise errichtet. Das Wohnhaus ist ein Mittelflurhaus, das beim Einhof an der Giebelseite, bei den Paar- und ebenfalls vorhandenen Haufenhöfen aber auch an der Traufseite erschlossen wird, wobei die topographische Lage einen wesentlichen Einflußfaktor bildet.

Auch diese Höfe besaßen ursprünglich eine Rauchstube, die durch Abtrennung einer meist tonnengewölbten Rauchküche von der Stube rauchfrei gemacht wurde. Beim Einhof schließt der Stall direkt an das Wohnhaus an, die Tenne liegt im Obergeschoß und wird durch eine Tennbrücke erreicht. Bei den Stallstadeln der Paarhöfe ist seit dem 18. Jahrhundert das Erdgeschoß gemauert und wird durch Pfeiler, zwischen die Holzwände eingefügt werden, in Form des Ständerbohlenbaues nach oben konstruktiv weitergeführt.

Bemerkenswert sind im Lungau auch die vielen festen, sgraffitoverzierten oder bemalten Kasten, die seit dem 17. Jahrhundert die ursprünglich hölzernen Blockspeicher ersetzt haben und heute das Bild dieser Kulturlandschaft entscheidend mitbestimmen.

Ausschließlich Paarhöfe zeigt der Pongau; in der vollendeten Form schauen Wohnhaus und Stallstadel mit dem Giebel firstparallel ins Tal. Das Wohnhaus der zweigeschossigen Höfe besitzt einen Mittelflurgrundriß, wiederum giebel- oder traufseitig erschlossen, und war ursprünglich zur Gänze als Holzbau errichtet; heute ist das Erdgeschoß in vielen Fällen vermauert.

Große Ähnlichkeit zum Hof des Pongaues besitzt der Pinzgauer Hof, auch wieder ein Paarhof, bei dem ebenfalls beide Teile mit den Giebeln zum Tal gerichtet sind. Der Mittelflur ist in der Regel vom Giebel her zugänglich, das Erdgeschoß wurde schon wesentlich früher als im Pongau gemauert.

An der Vorderseite der mächtigen, in Blockbauweise gezimmerten Scheunen hängen unter dem weit ausladenden Vordach Trockengerüste.

Bei Weyer

Rauris

Madling

Hof im Rauriser Tal

Hüttendorf bei Hintergöriach

Hüttendorf bei Hintergöriach

Bei Hinterkleinarl

Granglitzalmen bei Hintergöriach

Bei Thalheim

Spanswag

Schleedorf

Pfongau

Laiter

Schleedorf

Bei Thalheim

Hinterkleinarl

Hinterkleinarl

Hinterkleinarl

Rauris

Bei Fürth

Bei Kaprun

Bei Kaprun

Kaprun

Bei Lessach

Bei Lessach

Bei Lessach

Bei Lessach

Bei Lessach

Hintergöriach

Zankwarn, bezeichnet 1742

St. Andrä im Lungau

Fell

St. Andrä im Lungau

Alpbach

TIROL

Entsprechend den landschaftlichen Voraussetzungen und den kulturellen Einflüssen hat sich in Tirol eine Vielzahl von Gehöfttypen entwikkelt, die den heutigen Trend zum „Tirolerhaus", der ganz Österreich überschwemmt, geradezu absurd erscheinen läßt.

Eine der größten und geschlossensten Hauslandschaften Tirols können wir im Unterland antreffen. Von den ursprünglichen Paarhöfen ist in den meisten Gebieten nicht mehr viel übriggeblieben, fast überall tritt uns die mächtige Erscheinung des langgestreckten, breitgelagerten, mehrgeschossigen und von einem flachen Pfettendach bedeckten Einhofes entgegen. Er war ursprünglich zur Gänze in Holz gezimmert, heute ist das Erdgeschoß des meist giebelseitig erschlossenen Hofes fast immer vermauert. Im Obergeschoß ist das Holz durch die Witterung braun gegerbt, manchmal wurde es auch durch Waschen mit Aschenlauge gebleicht und ist dadurch wesentlich heller, als wir es sonst gewohnt sind. Die am Giebel weit auskragenden Firstpfetten sind beschnitzt und wie die konstruktiven Elemente der an drei Seiten im Obergeschoß umlaufenden Gänge bemalt. Das Wohnhaus dieses Mittertennhofes ist als Mittelflurhaus organisiert, in dessen Obergeschoß so wie im Untergeschoß je vier Räume liegen.

Auch die Höfe des mittleren Inntales sind fast ausschließlich Einhöfe. Charakteristisch für diese Mittertennanlagen ist heute die Erschließung der Tenne von der Giebelseite her, bedingt durch das Zusammenrücken zu geschlossenen Häuserzeilen, wie wir sie vor allem in Ortschaften der Umgebung von Innsbruck beobachten können. Auf der einen Seite gelangt man von der Tenne in den Stall, an der anderen in Stube, Küche und Kammer. Eine späte Entwicklung ist der von der Tenne abgetrennte Gang, der vom Wohnhaus Stallgeruch und Kälte fernhalten sollte. Stadel und Dachstuhl sind in Bundwerk gezimmert, das oft reich beschnitzt ist. Es trägt zusammen mit den Trockengerüsten vor Stall und Scheune, dem mächtigen Tor der Tenne (in das immer eine kleine Gehtür eingeschnitten ist) und dem häufig vorhandenen Erker im gemauerten, weiß gekalkten Teil zur imposanten Erscheinung dieser Höfe bei.

Im Wipptal und seinen Seitentälern, wo die Höfe firstparallel zum Hang in der Landschaft stehen, liegt der Gang zwischen Wohnteil und Stalltrakt an der Traufseite; bei jüngeren Häusern schließt er direkt an das Wohnhaus an, die Tenne wird vom Obergeschoß erschlossen.

Im Tiroler Oberland, das westlich von Telfs beginnt und das obere Inntal und seine Seitentäler umfaßt, treffen wir auf die mächtigen Mauerwerksbauten der Wohnhäuser und holzgezimmerte Stadeln, die sich erst sekundär zusammenschoben. Der Charakter der Wohnhäuser wird durch die nüchternen weißgekalkten Mauern mit einem leichten Anzug und die in tiefen Leibungen sitzenden kleinen Fensteröffnungen bestimmt; eine Bereicherung bilden Erker und bescheidener Fresko- oder auch Sgraffitoschmuck. Die Mauern an der Giebelseite sind entweder bis

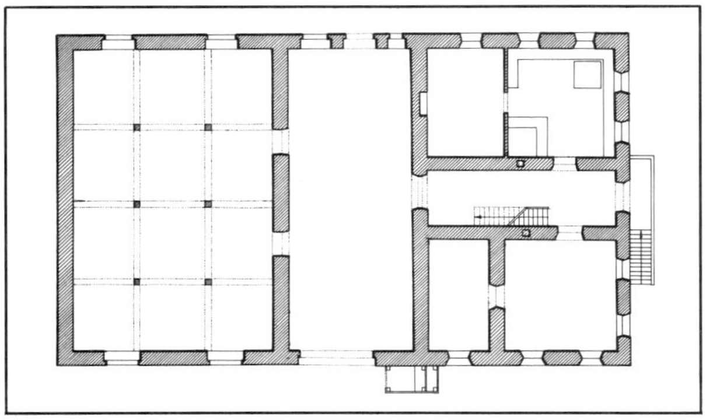

Osttiroler Einhof

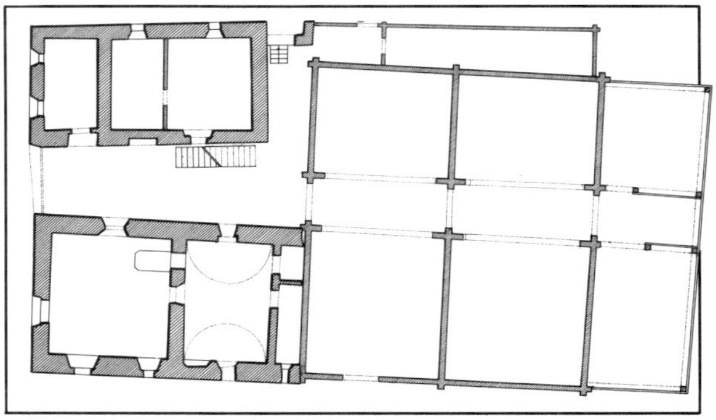

Einhof des Oberen Inntales

ganz unter das Dach hochgezogen oder werden von Bundwerkgiebeln abgeschlossen.

Im Grundriß dominiert die Seitenfluranlage, bei der Stube und Küche hintereinanderliegen. Ein mächtiges Tor erschließt den an die Seite des Hauses gerückten Flur, der gleichzeitig Durchfahrt in den unmittelbar hinter dem Haus stehenden oder auch angebauten Stadel ist. Diese Durchfahrt rückte später in die Mitte, wobei den Wohnräumen gegenüber noch ein Backofen und Kammern angeordnet wurden, wodurch das typische Oberinntaler Durchfahrtshaus mit seinem Mittelflur entstanden ist. Insbesondere bei den großen Einkehrgasthöfen dieses Gebietes wurde diese Durchfahrt in einen breiten, gewölbten Flur umgewandelt.

Eine interessante Entwicklung hat das Haus im Ötztal genommen, wo sehr einfache Seitenflurhäuser mit Stube und Küche oft auch zu Doppelhäusern zusammengeschlossen wurden, die im spiegelsymmetrisch organisierten Grundriß zwei nebeneinanderliegende Gänge besitzen.

Bei den Flurküchen- und Eckflurhäusern des Paznauntales sind – ähnlich wie im Montafon – nur die Küchen gemauert, die übrigen Wände sind Blockwände und mit senkrechten Brettern verschalt.

Ausschließlich Einhöfe finden wir im Außerfern und im Lechtal: In der Regel Mittertennhöfe mit Mittel- oder Eckflurgrundriß im Wohnteil. Alle Bauten waren ursprünglich in Holz als Block- oder Riegelbauten gezimmert, die Rückseiten wurden auch hier mit senkrechten Brettern verschalt, während das Wohnhaus schon seit dem 18. Jahrhundert verputzt und mit prächtiger Lüftlmalerei geziert wurde.

Eine etwas abseits liegende Hauslandschaft ist nach der Abtrennung Südtirols Osttirol, wo zwar Paarhöfe überwiegen, im Isel- und Pustertal aber auch Einhöfe existieren. Der klassische Mittelflurgrundriß herrscht bei dem zumindest im Erdgeschoß gemauerten Haus vor, es gibt aber auch immer wieder von der Traufseite her erschlossene Seitenfluranlagen.

Hof des Ötztales

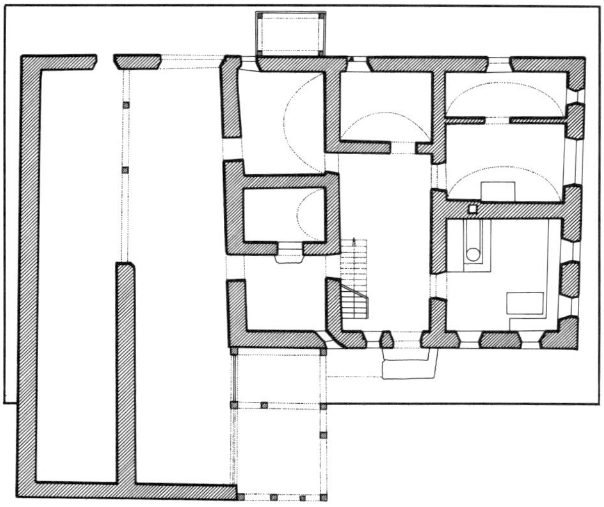

Doppelhaus des Ötztales

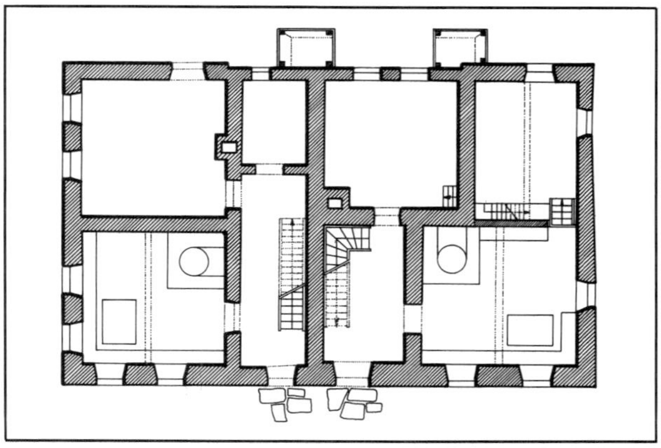

Erpfendorf

Bei St. Johann

Aurach

Oberndorf

Bei Brixen

Sesselebene

Zwieselstein

Obertilliach

Lehn

Lehn

Oberlesach

Großdorf

Versahl

Zaunhof

Zaunhof

Alpbach

Sesselebene

Längenfeld

Thaur

Götzens

Ötz

Thaur

Götzens

Längenfeld

Navis

Navis

Navis

Fiß

Mutters

Fiß

Ötz

Ladis

Götzens

VORARLBERG

Bregenzerwaldhaus

Die ausgeprägte naturräumliche Gliederung des Landes, seine Lage als Schmelztiegel verschiedenster Einflußbereiche und die klimatischen Verhältnisse führten zur Ausbildung differenzierter Hauslandschaften.

Der Bregenzerwald bildet noch heute die lebendigste Hauslandschaft Österreichs, die den Eindruck erweckt, auch in unserer Zeit noch entwicklungsfähig zu sein. Grund für dieses Lebenszeichen ist das Aufgreifen der Holzbautradition, die hier noch nicht dem Prozeß der „Vermauerung" zum Opfer gefallen ist und bloß in Form dekorativer Zutaten zitiert wird.

Mauerwerksbauten hat es nur im Walgau und in einer Mischform mit der Blockbauweise im Montafon gegeben.

Das Haus des Walgaues bildet aber nicht nur in seiner Konstruktionsweise, sondern auch in der Grundrißbildung eine Ausnahme: Nicht der sonst zugrundeliegende Eckflurgrundriß mit der Flurküche tritt uns entgegen, sondern ein Mittelflurgrundriß.

Eine Besonderheit sind Doppelhäuser, die im Mittelflur in vielen Fällen nur eine einzige Flurküche besitzen.

Beim Wohnhaus des Montafoner Paarhofes bildet in den meisten Fällen der Feuerteil (Flur und Küche) einen gemauerten Kern, um den sich die übrigen Teile des Hauses gruppieren. Er liegt entweder parallel oder normal zum First, wodurch zwei Varianten entstehen:

Im ersten Fall befindet sich der Eingang an der Giebelfront des Hauses, seitlich schließen an das feste Haus der vorgezogene Schopf beziehungsweise Stube und Kammer an. Im zweiten Fall nimmt der gemauerte Teil die gesamte Breite des Hauses an der Rückseite ein, Stube und Kammer sind schmäler und ermöglichen unter dem frei auskragenden Dach einen überdeckten Eingangsbereich.

Die Wirtschaftsgebäude sind Blockbauten, bei denen unten der Stall und oben die durch die oft kunstvollen Bundwerkgitter belüfteten Heuberräume liegen.

Wird im Montafon der Zusammenschluß zum Einhof nur selten und dann nur in der Form des „unvollendeten Einhofes", bei dem die Dächer beider Teile unterschiedliche Neigung besitzen, erreicht, ist im Bregenzerwald der Zusammenschluß zum Einhof die Regel.

Beim Haus des hinteren Waldes liegen am Kern des Hauses mit Stube und Gaden (Blockbauweise) an der Giebelseite und der Flurküche dahinter an beiden Traufseiten die „Schöpfe" (Riegelbauweise); an der Südseite dient er im Sommer als zusätzlicher Lebensbereich, der im Winter durch Klappläden verschlossen werden kann; an der Nordseite wird eine Kammer untergebracht, wodurch die breitgelagerte Giebelfront des Wälderhauses entsteht. Nach hinten folgt an das Wohnhaus ein überdachter Zwischenbereich (Hof), darauf der Stadel, der durch gedeckte Gänge in der Verlängerung der Schöpfe zugänglich ist. Sie verloren im 19. Jahrhundert ihre Funktion und wurden den Stuben zugeschlagen oder durch zusätzliche Kammern

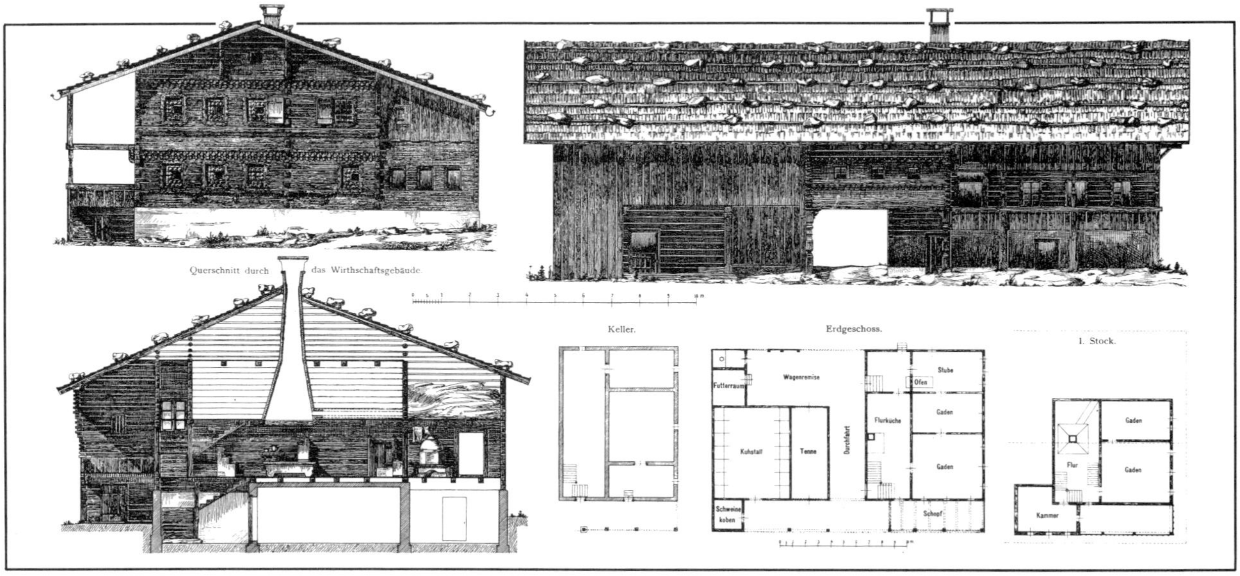

Bregenzerwaldhaus

ersetzt. Beim Haus des vorderen Waldes taucht im 18. Jahrhundert ein Mittelflurgrundriß auf, der das schmale Haus mit steilem Dach giebelseitig erschließt.

In beiden Teilen des Bregenzerwaldes gibt es seit dem 19. Jahrhundert die Schindelpanzer als Wetterschutz. Sie veränderten das Aussehen der Häuser, deren Blockwände im 18. Jahrhundert mit Ochsenblut gestrichen und Eiweiß bemalt wurden; heute werden die Fassaden durch die dunkle Schindelhaut und die feingliedrigen weißen Fenster geprägt. Es fand hier ein Prozeß ähnlich dem beim Rheintalhaus statt, wo die ebenfalls bemalten Blockbauten durch ein Getäfel, das ein Versenken der Läden ermöglichte, oder später den Schuppenpanzer mit den „Klebdächern“ ein neues Gesicht erhielten.

Im Grundriß ist das Rheintalhaus ein Einhaus entweder in der vollendeten Form mit durchgehendem Dach oder als „unvollendeter Einhof“, bei dem das Dach des Wirtschaftsgebäudes das des Wohnhauses überragt.

Das Wohnhaus selbst ist ein Eckflurhaus, hervorgegangen aus einem ähnlich wie im Bregenzerwald organisierten Küchenflurhaus. In älteren Typen schließen an das Wohnhaus Tenne (Hof) und Stall an, bei der jüngeren Form folgt der Stall direkt an das Wohnhaus; die Tenne und manchmal ein weiterer Stall mit einer Wagenremise schließen das Gehöft nach hinten ab.

Montafonerhaus

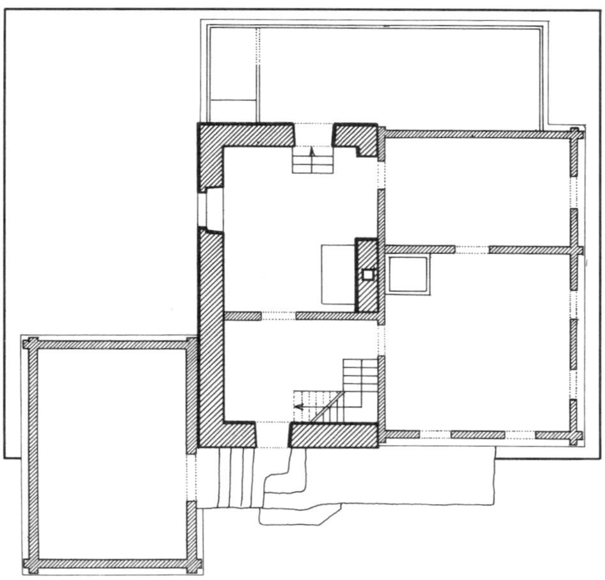

Walgauhaus

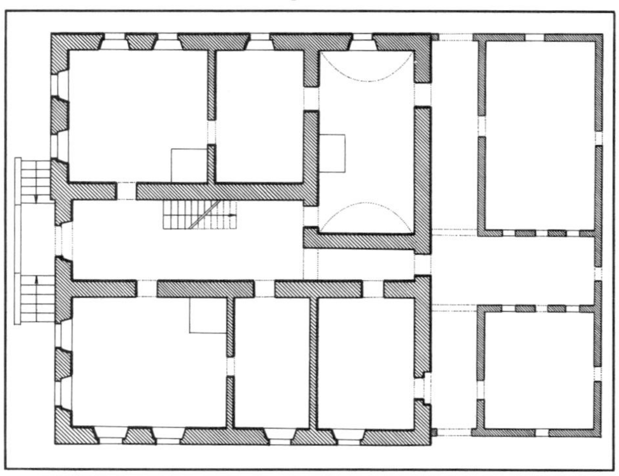

Hirschau

Schoppernau

Schnepfau, bezeichnet 1698 (1794)

Schnepfau

Schnepfau

Dornbirn

Dornbirn

Dornbirn

Ludesch

Watzenegg

Dornbirn

Schruns

Schruns

Schoppernau

St. Gallenkirch

St. Gallenkirch

St. Gallenkirch

St. Gallenkirch

Bei St. Gallenkirch

Bei Partenen

LITERATURVERZEICHNIS

Das Bauernhaus in Österreich-Ungarn und seinen Grenzgebieten
Herausgegeben vom österr. Ingenieur- und Architektenverein
Dresden 1906

Blaser, Werner
Bauernhaus der Schweiz
Basel - Boston - Stuttgart 1983

Eggert, Klaus; Hajos, Geza; Schwarz, Mario; Werner, Patrick
Landhaus und Villa in Niederösterreich
Wien - Köln - Graz 1982

Fiebiger, Hans Georg
Der Vierkanthof in Ober- und Niederösterreich und seine Entstehung. Ein Beitrag zur Bauernhausforschung
Leipzig 1933

Geramb, Viktor
Steirische Landbaufibel
Graz 1948

Gerlach, Martin
Volkstümliche Kunst, 2 Bände
Wien und Leipzig o. J.

Haberlandt, Arthur
Volkskunde des Burgenlandes, Hauskultur und Volkskunst
Baden bei Wien 1935

Heckl, Rudolf
Oberösterreichische Baufibel
Salzburg 1949

Hohmann, Hasso
Giebellukn und Stadelgitter
Graz 1975

Klaar, Adalbert
Die Siedlungsformen Niederösterreichs
Wien 1930

Klaar, Adalbert
Die Siedlungsformen Salzburgs
Leipzig 1939

Klaar, Adalbert
Die Hauslandschaften Niederdonaus
Wien 1939—1943

Klement, Wolfgang
Bauernhöfe. Form und Bedeutung alter Gehöfte in Oberösterreich
Linz 1982

(Klingenstein, Grete)
Erzherzog Johann von Österreich
Graz 1982

Kräftner, Johann
Naive Architektur in Niederösterreich
St. Pölten - Wien 1977

Kriechbaum, Eduard
Das Bauernhaus in Oberösterreich
Stuttgart 1933

Luger, Ilse
Lebende Tradition. Das bäuerliche Wohnhaus in Oberösterreich. Erhalten, Gestalten und Planen
Linz 1981

Moser, Oskar
Das Bauernhaus und seine landschaftliche und historische Entwicklung in Kärnten
Klagenfurt 1974

Papesch, Josef; Riehl, Hans; Semelkowski, Walter
Heimatliches Bauen im Ostalpenraum. Ein Handbuch
Graz 1941

Pöttler, Viktor Herbert
Alte Volksarchitektur
Graz 1975

Pöttler, Viktor Herbert
Volksarchitektur der Oststeiermark
Gleisdorf 1982

Rainer, Roland
Anonymes Bauen. Nordburgenland
Salzburg 1961

Rauter, Otto
Das Bauernhaus im Gau Tirol und Vorarlberg
Berlin o. J.

Schachel, Roland
Begriff und Physiognomie einer Naiven Architektur
Wien 1976

Simon, Franz
Bäuerliche Bauten im Südburgenland
Oberschützen 1971

Sottriffer, Christian
Domus Alpina
Wien 1982

Spielhofer, Herrad
In alten Bauernhäusern leben. Sanierungs- und Umbaubeispiele
Graz 1980

Swoboda, Otto
Alte Holzbaukunst in Österreich. 2 Bände
Salzburg 1975, 1978

HOFFORMENKARTE

1. Burgenländischer Streckhof
2. Rohrscheune des Neusiedler Sees
3. Dreiseithof des Wienerwaldes
4. Streckhof des Weinviertels
5. Scheune des Waldviertels
6. Trichterküchenhaus der Wachau
7. Doppel-T-Hof des Ybbstales
8. Vierkanthof
9. Dreiseithof des Mühlviertels
10. Vierseithof des Innviertels
11. Paarhof des Salzkammergutes
12. Haufenhof der Obersteiermark
13. Hof mit Wiederkehr des Joglandes
14. Dreiseithof des Wechselgebietes
15. Vierseithof der Oststeiermark
16. Keusche der Untersteiermark
17. Haus der Weststeiermark
18. Ringhof des Nockgebietes
19. Hof Oberkärntens

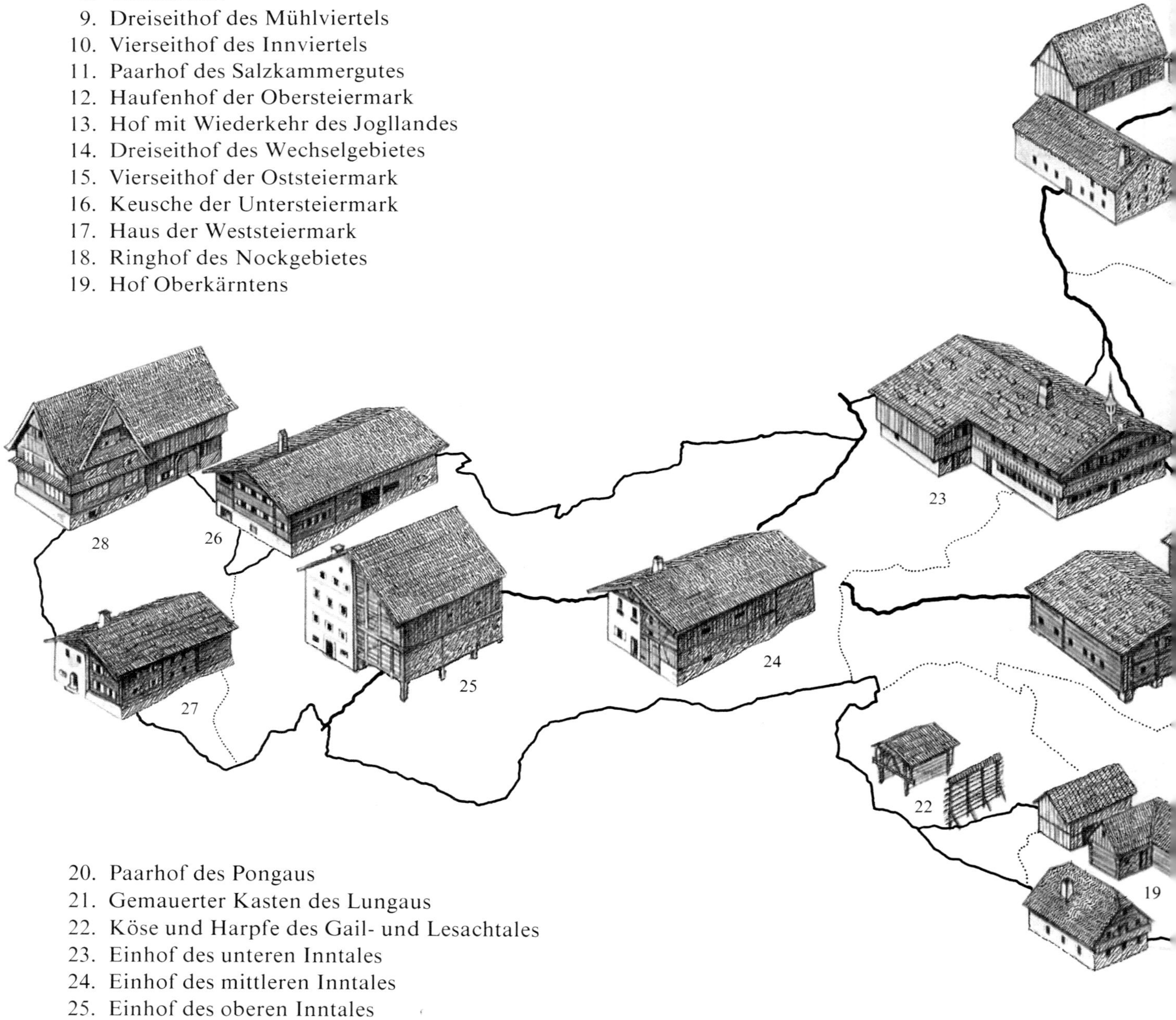

20. Paarhof des Pongaus
21. Gemauerter Kasten des Lungaus
22. Köse und Harpfe des Gail- und Lesachtales
23. Einhof des unteren Inntales
24. Einhof des mittleren Inntales
25. Einhof des oberen Inntales
26. Einhof des Bregenzerwaldes
27. Einhof des Montafons
28. Einhof des Rheintales

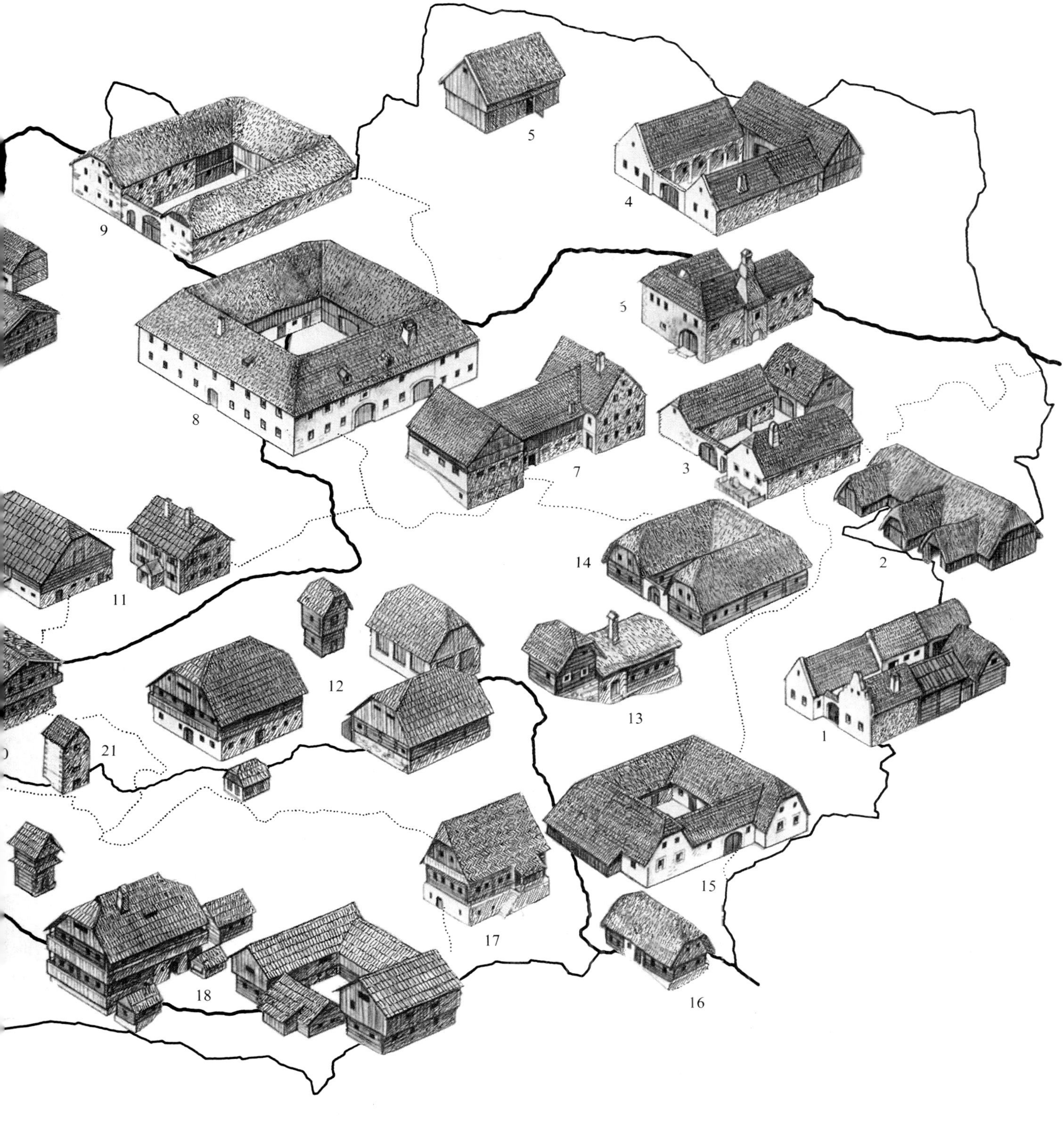

5
4
9
6
8
7
3
2
14
11
12
13
1
21
15
17
18
16

ORTSREGISTER ZU DEN ABBILDUNGEN